度小
系列

關於度小月..................

　　在台灣古早時期，中南部下港地區的漁民，每逢黑潮退去，漁獲量不佳收入艱困時，為維持生計，便暫時在自家的屋簷下，賣起擔仔麵及其他簡單的小吃，設法自立救濟度過淡季。

　　此後，這種謀生的方式，便廣為流傳稱之為『度小月』。

小吃拼圖

路邊攤賺大money 5

大money 5

【清涼美食篇】

路邊攤店家
Contents

推|薦|序

莊寶華 中華小吃傳授中心班主任

　　自從大都會文化出版《路邊攤賺大錢》一書後，我的小吃補習班生意比以往更加熱絡。這顯示本書的確受到許多讀者的肯定與認同，也反映出經營路邊攤小吃已經成為許多失業轉業者轉換跑道的第一選擇。

　　許多人都認為路邊攤的本薄利豐，是在短時間內翻本或抒困的最佳良方。此話雖非絕對真理，但只要用心認真經營、研究，利用路邊攤賺大錢也並非難事。只是，不論是哪一個行業，如果能有前輩提出經驗談與忠告，相信對於菜鳥而言會省走許多冤枉路，少花許多冤枉錢。

　　《路邊攤賺大錢》的出版，便是本著這樣的心態與理念出發，希望所有有心開業的路邊攤生手，能藉由本書知名路邊店家的實戰傳授，早日達成小本致富的美夢。祝福有夢想者都能美夢成真！

莊寶華 老師
從事小吃美食教學 18 餘年，學生遍及全台及海外，
創下台灣小吃業年收入 720 億的經濟奇蹟。

曾前來採訪的媒體：

電子媒體	名主持人	羅璧玲
	名主播	蔣雅淇（中天）
		支藝樺（民視）
		洪玟琴（TVBS）
		崔慈芬（華視）
		陳明麗（中視）
報紙	民生報、大成報	
雜誌	SMART 理財雜誌、MONEY 雜誌、	
	行政新聞局、台北評論月刊	

推|薦|序

邱寶珠 寶島美食傳授中心負責人
張次郎 寶島美食傳授中心金牌老師

　　夏天快到了，許多應景的冰品飲料紛紛推出。當然，街頭的路邊攤是絕不會錯過這一波賺錢時機，冬季流行的燒仙草、熱豆花等，已換上各式清涼食品，準備搶攻老饕的荷包。

　　與湯湯水水相關的食品，本錢少、利潤高，是眾所周知的事實，然而這並不表示所有相關的行業都能夠賺大錢。畢竟，一個店家的成功，還與經營方式、口味、服務態度等許多因素相關。

　　在這本《路邊攤賺大錢5》【清涼美食篇】裡，我們可以看到許多經營達數十年之久的老店的經營理念，也有一些曾瀕臨失敗卻起死回生而成為大受歡迎的店家，他們反敗為勝的心路歷程。這些店家經由辛勤努力而獲得的成功秘笈，都在本書精彩的文字與圖片中一一呈現。

邱寶珠老師、張次郎老師
出身總舖師、糕餅世家，專研美食小吃數十餘年，學生遍及海內外、中國大陸。教授美食10餘年，有口皆碑、名聞遐邇，曾受訪於各大媒體。

曾前來採訪的媒體
電視：台視、八大電視、華衛電視
報紙：中國時報、聯合報、聯合晚報、自
　　　立晚報、台灣新生報、中央日報
雜誌：獨家報導、美華報導

作 | 者 | 序

　　在經濟景氣持續低迷、失業率節節攀升的此刻，有工作的人忙著保住飯碗，失去頭路的人焦急尋找事業發展的第二春。身處在職場環境變動如此劇烈的時代，遂使得許多人興起當老闆的念頭。然而，對於準備第一次開創自己事業的許多人來說，如何能夠掌握以花費最小的資本，投資在最賺錢的行業上，永遠都是創業新鮮人們所迫切想要知道的。

　　本書中所介紹的各個販售冰品的店家，幾乎都是源於本土的道地台灣小吃，並且許多的店家早已廣為媒體所報導。然而，本書所披露這些老闆經營事業的成功之道，正提供了許多想投入冰品業的民眾一個良好的示範與參考。除了從中了解到投入小吃業所必須注意的事項外，更可從這些老闆成功的經驗學習到，對於本業的投入、熱誠、執著，及不斷創新，才是他們能在競爭激烈中的小吃界中脫穎而出的主要理由。

　　在採訪這些店家的期間，我深深感受到每位老闆對顧客親切的服務態度，以及對於所販售的冰品不斷求新改進的熱誠。對他們而言，每道送到顧客前的冰品都是他們精心調製的佳餚，代表著他們滿滿的心意，在看見顧客們嚐過後滿足喜悅的表情，或許就是他們堅持精緻美食、不斷求新的動力來源吧！我想，老子說：「治大國，若烹小鮮。」或許正就說明了這些老闆們之所以在小吃界獲致成功的精髓吧！

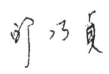

編輯室手記

　　景氣低迷，失業率攀升，「開小店賺大錢」的想法成為不少失業或欲轉業人重新出發的動力與契機。

　　根據統計，90年台灣連鎖加盟體系約比前年成長百分之十三，近年來連鎖加盟店每年也都有兩位數成長，其中以二十萬元以內的小成本餐飲連鎖最受歡迎。而餐飲連鎖是成長最多的一項，可說是在百業蕭條中，表現最突出的行業。可見以小本創業的餐飲美食作為謀生工具，是眾人的首選。

　　只是，要當老闆或許很容易，但要成為能賺錢的老闆可就是一門學問了。從選擇販售物品的種類開始，到選擇開業地點、成本估算、採買材料，到營運管理、研究獨門秘方等，都需要時間與經驗的累積。許多現在看起來表面風光的老闆，其實當初都有一段艱辛的創業歷程，不足為外人所道。

　　這次《路邊攤賺大錢》推出【清涼美食篇】，所介紹的這十家冰品或飲料店家，可說是個個大有來頭。有的是歷史悠久的老店，有的則是日進斗金的金店。經由深入的採訪、調查後，在豔羨這些頭家之餘，我們也發現一家店能成功絕非偶然。讀者們可以藉由書中詳細的資料、數據與食物製作方式，從中獲取美味與成功的秘訣。

　　在此也謝謝許多讀者的鼓勵與支持，「度小月系列」將會繼續努力推出多款好書，讓想創業、想致富的頭家們能美夢成真。

路邊攤小吃店家

冰 館

黄澄澄的鮮嫩芒果，

紅嫩嫩的新鮮草莓，

白皚皚的香濃牛奶，

搭配出絕佳的另類冰品

冰館

DATA

◆ 地址：台北市永康街15號

◆ 電話：（02）2394-8279

◆ 營業時間：12：00-23：30

◆ 公休日：無

◆ 創業資金：120萬

◆ 每日營業額：約15萬元（以每日來客數，保守估計）

信義路二段

13巷

麗水街　永康街　冰館

■永康公園

　　「要不要一起去冰館！」可別會錯意！咱們說的冰館可是不同於那個「賓館」！來到這個「冰館」，無論你是大明星或是市井小民，想要一嚐店裡的美味，可是都得一視同仁地排隊。

　　要知道「冰館」的生意有多好，只要有空到台北市永康公園附近走一趟，看哪一家店門口人潮不斷，店內的每個顧客大快朵

▲「冰館」店外觀景。

頤地吃著滿盤新鮮芒果或是草莓刨冰，你就已經來到這家揚名東瀛的著名「冰館」了。看著店內不少日籍觀光客人頻頻豎起大拇指說著：「歐伊嘻！」，你大概就可了解為什麼店門前總是大排長龍的原因吧！

　　強調運用最新鮮的水果，搭配上濃郁的煉乳及清涼的刨冰，冰館的招牌冰品挑動了無數消費者蠢蠢欲動的食慾。如果你下次

到永康公園逛逛時，可別忘記要帶著親密愛人一起上冰館，來共嚐酸甜濃蜜的新鮮滋味！

心路歷程

老闆‧羅同邑先生

只要一提到這幾年最紅的冰店，相信許多人第一個聯想到的就是位在台北市永康街的「冰館」，這一間人氣超旺的冰店，每每讓許多人甘願排上一、二個小時的隊伍，只為了一嚐這裡的招牌冰品。

看著店門前川流不息的人潮，老闆羅先生說到當初創業時，這家店可是整整賠錢賠了三年呢！過去曾經做過中古車買賣以及洋酒業務工作的羅老闆，提到當初會想要在這兒經營一家冰店，純粹是因為自己就住在永康街附近，當時這附近的冰店大多為傳統的冰果室，每次想要吃冰的時候都找不到一家美味又舒適的冰店，所以當自己決定轉業做點小生意的同時，便想到可以在這裡開設一家不一樣的冰店。

一直認為「吃冰其實也可以很享受的」，所以羅老闆在六年前大手筆的用了一百二十萬的資金來開設「冰館」，在這其中就有一半的金額是花費在店面的裝潢上。當時的「冰館」搭配著黃色系的吧檯、桌椅，店門口又豎立著幾張大大的洋傘，座落在永康街裡，還頗具異國風味呢！羅老闆笑著說，雖然現在已經快看

不出「冰館」當時的模樣了。

在一開始雖然如此大手筆的投入，但是並沒有得到相對的報酬。羅老闆說原本在九七年時已經打算將店面頂掉，當時連一些刨冰甜品的材料都已經收掉了，但就在一次偶然機會裡，店裡來了幾個客人，原本還苦思不知道要拿什麼當做冰品的配料，突然想到店內還有一些芒果，便將新鮮的芒果切一切用來搭配冰品，沒想到這樣的口味卻相當受到歡迎，之後便一傳十，十傳百的傳開了。

▲ 用芒果做成的冰品和果汁是「冰館」的正字標記，也掀起坊間一陣流行跟風。

在這幾年，羅老闆不斷地深入研究芒果，從了解各式的芒果品種到研發新口味的芒果冰砂、芒果冰淇淋，希望的就是能提供顧客多樣化的口感享受，除了春夏的芒果冰之外，在秋冬天時，「冰館」則是推出草莓牛奶冰，一盤冰上覆蓋著滿滿的新鮮草莓，淋上濃濃的煉乳，酸酸甜甜的口感也是令許多人趨之若鶩。即使外頭天氣冷颼颼，來到「冰館」大排長龍等待吃冰的人還是一堆呢！

命名

對於「冰館」的命名，羅老闆說當初其實是很簡單的想法，就是賣飯的館子叫飯館，而賣冰的館子，就叫「冰館」。在「冰

館」名聲大噪之後，大街小巷的冰店都在賣芒果冰，而「冰館」這個店名也是被盜用的到處氾濫。對於這種情況，羅老闆從原先氣憤的情緒也已經轉變成有些無奈，之前也將「冰館」這個招牌拿去登記，但尚未通過申請，羅老闆表示最近可能會通過吧。

地點

當初會選擇在永康街開店，也是因為地緣的關係，因為羅老闆自己就住在這兒附近，再加上這一帶的冰店大多為傳統冰果室，才會想要在這裡開一家風格別具的冰店。

而這幾年隨著「冰館」知名度的一路攀升，連帶再次帶動起永康街的繁榮，「冰館」、「永康街」二者之間的關聯也顯得密不可分了。而鄰近的信義路上的鼎泰豐，原本就是許多觀光客必訪之處，隨著永康街的熱鬧發展，也吸引許多觀光客前來；而「冰館」的招牌冰品，更成了許多觀光客絕不會錯過的美食之一。

租金

羅老闆表示店內的坪數約三坪半左右，主要就是用來規劃吧檯的空間，在騎樓下擺了幾張桌椅，也足以容納一些客人，在永康街做生意這六年間，店面的租金從原先的八萬一直調漲到目前的十一萬元左右。

隨著店內的營業量愈來愈大，在前年時羅老闆在永康街這附近又設置一家既是店面也是製作工廠的冰館分館，由於這個地方是羅老闆買下的，也省去了店租的花費。

度小月

食材

雖然當初因為芒果冰一炮而紅，但羅老闆表示他其實是在賣芒果冰後，才開始深入去研究芒果的。羅老闆說光是芒果的種類就有二十多種，依季節以及產地的不同，芒果的品質還分成三到四個等級，隨著季節的變化，芒果的肉質也會有差別，價錢也從一斤三、四十元，到好一點的一斤一百多元都有呢！而一盤豐盛的芒果牛奶冰中，他便調配了二種以上不同品種的新鮮芒果切丁，根據他這幾年的研究，發現調和二種以上的芒果，才能有豐富的甜度及紮實的口感，而光靠一種芒果是無法創造絕佳的口感，所以店內使用的芒果品種都是來自全省各地，而使用的草莓也都是選用特級的一號草莓。

硬體設備

當初店面的吧檯、冰箱都是特別訂做的，花費至少也有六十萬元以上，這些年來一些硬體設備陸續增設下來，費用更是可觀。隨著營業量愈來愈大，羅老闆也增設了一處空間，用來處理店內所需用到新鮮水果及醬料。

而羅老闆也建議一般人開一家冰店，基本上所需要的硬體設備不外乎冰箱、冰櫃、製冰機等等，器材的規格端視個人需要而決定，剛開始起步做生意，還是得精打細算。

成本控制

由於店內是以主打季節性水果冰品為主，首重的就是水果一定要新鮮，堅持不隔夜使用，為了掌握新鮮度，店內所使用的芒果或草莓都需要現做。尤其是芒果，在切皮之後，只要放了一段時間很快就會氧化，口感變得軟軟爛爛的，品質就會下降。

這幾年因為店內的營業量增大，

許多流程便無法在店內直接製作，為了在最短的時間內將最新鮮的水果送到消費者手上，羅先生便在店面附近另外設了一個製作工廠來解決現場供貨的問題，為了掌握時效，不僅削皮切丁的速度要快，運送時間要短，從工廠到店面整個流程都要嚴格地掌控，所以製作工廠內的員工從早上七點到晚上十二點內都有人隨時待命，一旦店內的食材快用完時，工廠內的員工就得馬上製作。

一盤芒果冰及草莓冰的售價從八十元到一百五十元不等，價格算是不便宜，但是羅先生表示背後所付出的成本，一般人往往很難看見。

一整盤色澤金黃艷麗的芒果冰，約需用掉一顆半到二顆芒果的份量，而裝得滿滿的草莓冰看起來更是豐盛，平均「冰館」每天約要用掉四千公斤的芒果及二千公斤的草莓，相當驚人。

目前店內的人手約有九人，夏天時則會增加到十三人左右，工廠內的員工也超過了九人，羅老闆表示光是每個月的人事費用支出要一百二十萬元！

口味特色 . . . .

「冰館」的冰品是依季節性限量供應，店內的招牌冰品芒果牛奶冰，是使用優質的芒果品種按比例份量調配，再搭配特調的芒果醬汁、煉乳等調製而成，軟甜香滑的口感，十分誘人，通常每年到了四

月份左右就會推出。而秋冬時主推的草莓牛奶冰，一盤冰上蓋滿了新鮮的草莓，和著香濃的煉乳，酸酸甜甜的口感，受歡迎的程度也不下芒果冰喔！雖然在冬天時吃不到新鮮的芒果牛奶冰，但芒果冰淇淋及芒果冰砂可是不分季節的供應。

除了這二大人氣冰品外，另外也有提供新鮮的鳳梨紫蘇梅冰以及具有養顏功效的薏仁牛奶冰等。

雖說是以冰品為主的「冰館」，但寒冬中也推出熱呼呼的甜湯選擇，像是客家燒麻糬、冰糖薏仁湯等，讓顧客在吃冰之外多了一種選擇。

此外，店內所使用的草莓醬汁及芒果醬汁都是由羅老闆親自調配，將不同品種的新鮮水果按比例調製出最順口的口感，這也是店內的獨家秘方喔。

▲ 夏天到「冰館」來上一杯芒果爽，頓時暑氣全消。

客層調查

要知道「冰館」的魅力有多大，就看看那些想來吃冰的客人，可是從門口排隊蜿蜒到數公尺長呢！羅老闆說顧客的口碑相傳是一大要素，而他也相當感謝各家媒體的幫忙報導，對於「冰館」的知名度也有一定的推波助瀾之效。

除了一些老顧客及慕名前來的客人外，許多明星也喜歡到這兒吃冰，像是吳宗憲、劉若英等。而針對與日俱增的觀光客，

「冰館」分店在白天時只專門針對觀光客開放，晚上時則是供應一般客人。

未來計畫 . . . .

　　對於加盟，羅老闆說到目前為止他並沒有這樣子的計畫。一方面是因為自己懶，另一方面也是因為水果講求新鮮，雖然目前設有中央廚房系統，但是像芒果這一類的水果還是必須即時處理，過了一段時間後，就會氧化，口感就變差了。而店內所使用的芒果醬汁、草莓醬汁，也都是由他自己在調配，所以在時間上也忙不過來，目前還是會以永康街這二家店為重心。

　　而羅老闆也無奈的表示，街上大剌剌打著「冰館」名號賣冰的店家比比皆是，有的還指名是永康街的「冰館」分店呢！照這種情況下看來，如果真的開放加盟，許多消費者可能都搞不清楚哪一家才是真的呢！

如何踏出成功的第一步

　　許多人都非常艷羨「冰館」的生意總是那麼的好，認為只要光靠這一家店就能賺進不少錢，面對外界欣羨的眼光，羅老闆表示做生意可是得憑良心，一般人往往只看到表面上的風光，而不知道背後所要付出的辛苦代價。在這幾年來，他不斷地深入研究各品種的芒果，不停嘗試口味上調配，希望的就是能帶給顧客不一樣的感受，到現在店內所使用的新鮮水果醬汁也都是他每晚

親自調配的。

　　雖然「冰館」的名氣這麼響亮，生意也這麼好，但羅老闆卻沒有想過要開放加盟的打算。一方面是食材的保鮮問題，另一方面，面對街頭如雨後春筍般出現的「冰館」分號，好像似乎也沒有這個必要了。

項　　目	數　　字	備　　註
◆ 創業年數	6 年	1995 年創業
◆ 坪數	3.5 坪	
◆ 租金	11 萬元	
◆ 人手數目	10 人	夏天增至 13 人，不含工廠員工
◆ 平均每日來客數	1000 多人	此為保守估計數據
◆ 平均每月進貨成本	約 100 萬以上	老闆不方便透露，此為編輯部保守估計
◆ 平均每月營業額	約 500 萬以上	老闆不方便透露，此為編輯部保守估計
◆ 平均每月淨利	約 160 萬	老闆保守估計約 4 成，距專家評估約 6 至 8 成

作 法 大·公·開

冰館

材料 . . . .

　　以草莓牛奶冰為例。將不同品種的草莓依適當比例調配,製成醬汁,再加入新鮮的切塊草莓,做成草莓醬料。焦糖糖水為店家自行熬製,通常一盤刨冰淋上一匙即可,而草莓醬料則覆滿一整盤刨冰,奶水、煉乳適量淋上。

▲ 超級草莓牛奶冰所需用材料有
　新鮮草莓、新鮮草莓醬汁、特
　調焦糖、煉乳以及奶水。

項　目	所需份量	價　格
新鮮草莓	酌量	店內為大量進貨,價錢不便透露,大致上依不同公司批發進貨價錢從 1 箱 100 至 300 元不等
特製草莓醬汁	酌量	自製
焦糖糖汁	每一盤冰約一大匙份量	自製
煉奶	酌量	一般市價約 2 打 640 元價錢不便透露
奶水	酌量	一般市價約 1 箱 1350 元

製作方式 ．．．．．．．．．．．．．．．．．．．．．

1 前製處理

　　草莓醬料的處理是將各種不同品種的草莓依口感比例調製成
新鮮醬汁。

2 製作步驟

(1) 將冰塊刨成清冰。

(2) 淋上特製的焦糖糖汁。

(3) 將新鮮草莓切塊放進調製好的草莓醬
　　汁中。

(4) 在刨冰上淋上滿盤的草莓醬料。

(6) 淋上適量的奶水。

(5) 淋上一匙煉乳。

(6) 加上一球特製的芒果冰淇淋。

獨家撇步

草莓醬汁是羅老闆藉由不同品種的草莓依比例調製而成,才能有甜度適中的最佳口感。

(8) 完成後的超級草莓牛奶冰成品。

◀ 超級草莓牛奶冰以及用芒果冰砂及芒果冰淇淋組合而成的芒果爽。

在家 DIY 小技巧

　　可以簡單利用果汁機來製作刨冰，調打醬料。將新鮮草莓放進果汁機中攪打成醬汁，再將一部份新鮮草莓切塊，放進打好草莓醬汁中製成醬料，淋在刨冰上，適量加入煉乳、糖水等即可。

美味見證

陳姿樺（20歲，學生）

　　每次夏天來到這兒，店門口都是出現大排長龍的人潮，有好幾次都是等了好長一段時間才排到隊呢，現在主打的草莓牛奶冰可是我的最愛，一整盤刨冰上放滿了滿滿的草莓，加上濃濃的煉乳，吃起來酸酸甜甜的，即是在冬天，我也要來這兒吃冰！

美味 DIY 心得

廖家把舖

熟悉的聲音，
兒時的回憶，
「廖家把舖」的薪傳與創新，
將台灣冰淇淋揚名國際。

廖家把舖

ＤＡＴＡ

◆ 地址：台北縣淡水鎮中正路33號

◆ 電話： (02) 2626-8833

◆ 營業時間：平日 11：00-20：00 、
　　　　　　假日 10：00-21：00

◆ 公休日：無

◆ 創業資金：約10萬元

　　　　　（一般把舖冰品專賣店，約準備10萬元左右）

◆ 每日營業額：約2萬元（依季節有所不同，此為約略估計）

以往只要在國小校園旁邊，一定有幾個攤子會成為下課後學童包圍的焦點，其中之一就是號稱台灣冰淇淋的把舖。然而，隨著電動玩具從紅白機的任天堂進入到ＳＯＮＹ的ＰＳ，把舖這項兒時的美味也逐漸在大街小巷中消失。

第一次到淡水嚐到「廖家把舖」，心頭真是有說不出的歡喜，彷

▲「廖家把舖」店外觀景。

彿勾起了小時候跟媽媽要五塊錢，趕到樓下去買一支把舖的情景，那種如小鳥般雀躍的心情，可是任憑你在Haagen-Dazs中也難以買到的。

從傳統中創新，在嘗試中求進步，或許這也就正是「廖家把舖」能夠一方面堅持古早美味，另一方面又不斷求新求變，而屹立不搖於競爭激烈的淡水商圈的主因吧！

心路歷程

「我們家的把舖可是用真材實料的原料下去製作，所以嚐得到新鮮的果粒及濃濃的奶香。」

老闆‧廖偉傑先生

說到把舖，可能將喚起許多人兒時回憶的點點滴滴。在早年物質不豐裕的年代，經常可以看到一些老伯伯騎著三輪車，沿街叫賣的景象。然而曾幾何時，這項古早味的懷舊小吃，卻逐漸地被淡忘了。不過，現在只要你來到淡水的「廖家把舖」，彷彿進入了時光隧道般，兒時的「把舖」再度活靈活現地出現在眼前，看到店內顧客大排長龍的景象，就可知道把舖的滋味是令人懷念呢！

原本是從事平面廣告設計工作的廖先生，在八、九年前由於父親身體不適，才開始接下家裡製作把舖的事業。早期廖伯伯主要經營的是製作把舖的生產工廠，專門將把舖批發給一些下游的零售商，偶爾他也會在淡水渡船頭附近擺著流動的攤子。到了廖

先生接手工廠之後，一向頗有生意頭腦的他，便開始著手朝向多元化的經營模式，除了原有的工廠業務外，在四、五年前他更在淡水中正路上開設了一家把鋪專賣店──「廖家把鋪」。

或許是因為「廖家把鋪」讓許多人再次勾起對於把鋪的記憶，因此打從「廖家把鋪」一開始經營時，生意就相當的好，絡繹不絕的客人

▲ 店內時常都是高朋滿座的情形。

時常排滿了門口。也因為把鋪專賣店的成功，使得廖先生更有信心的拓展原有的業務，目前也正在積極的規劃加盟事宜。

此外，廖先生不僅要管理工廠及店面，還負責了新產品的研發工作。「廖家把鋪」這幾年來陸續推出了巧克力、百香果等新口味把鋪，並在去年冬天時推出了「薑汁撞奶」的新產品。所謂「薑汁撞奶」，主要是以現磨的薑汁倒入滾燙中的鮮奶，藉由二種食物的彼此撞擊而產生如奶酪般的口感。為了研發這項新產品，廖老闆參考了各種資料及宮廷秘方，足足花了二年八個月的時間，才大功告成。當然這項產品在一推出之後，果然是大受歡迎，並成了店內的另一項招牌食物。與此同時，廖老闆也計畫在今年夏天以冰品的形式推出新款的薑汁撞奶，想必屆時也勢必會引發一陣騷動吧！

經營狀況

命名

　　或許大多數人以前時常聽到把舖把舖二個字，但是「把舖」這二個字究竟是什麼意思呢？相信許多人也是不甚清楚。對此，廖老闆可是有其一套獨特的見解。他說：「把」是拿取的意思，「舖」則是食吃的意思。這聽起來似乎也蠻符合把舖這項食物所具備形象的意義。為傳承出廖家祖傳秘方所製作把舖的含意，所以廖老闆也就理所當然的將店名取為「廖家把舖」。而「廖家把舖」這個店名，廖老闆在民國八十七年已申請了商標專利，因此其他人可是不得任意仿冒喔！

地點

　　一直以來，淡水就是北台灣休閒旅遊的熱門景點，早在經營把舖製作工廠的時期，廖伯伯就曾不定時的在淡水渡船頭附近擺起攤子。由於本身是道道地地的淡水在地人，因此廖先生自然也就以淡水作為開設店面的首選地點。而隨著捷運系統的通車，所帶動的觀光人潮更是可觀，「廖家把舖」生意也就更加的興隆。現在只要每逢假日在淡水街頭，幾乎可以看見人人手一支把舖的景象喔！

租金

由於目前經營的店面是自家的房子，所以省去了店租的支出。廖先生表示，這個約莫五坪左右的店面，裡面放置了冰箱、櫃檯及桌椅，並還在店門前加放幾張桌椅，大致上空間還算足夠使用。

近年來淡水這一帶隨著觀光事業的發展，租金也節節上升。據廖老闆透露，淡水中正路這附近依區域性的不同，店租從八萬元到十三萬元都有，有頗大的彈性空間，而有興趣在這裡做生意的人，可得自己親自走一遭，多加比較才能獲得合算的店面。

硬體設備

雖然製造把餔的工廠，在上一代經營時就已經完備了，不過由於過去使用的機器迄今已相當老舊，機器內所使用的阿摩尼亞容易發生外洩導致中毒。因此廖老闆在接手之後，便著手將工廠內的機器設備逐漸更新。

據廖老闆表示，把餔看似簡單，但其實製作把餔的設備可不便宜！光是一台製作把餔的機器就花了廖老闆約二百八十萬元，但是新的機器以冷凍液代替傳統的阿摩尼亞，不僅環保衛生，零下四十度的控溫，除了可以製作把餔以外，還能製作冰棒、冰砂等其他冰品。

廠內的冷凍設備裝置林林總總加起來，廖老闆透露總數約花了近千萬元呢！不過，有心想從事這一行的朋友們，可別因此而望之卻步喔！這些高昂的費用主要都是花在工廠的硬體設備上，一般人如果想要從事這一行，通常是直接向工廠訂貨而無須自己製造。

至於店面內所需的硬體設備，基本上最主要的就是冰箱，頂多再加上桌椅、杯碗等其他瑣碎用品。此外，廖老闆也鼓勵大家在店內的裝潢費用上儘量精簡，以他自己為例，「廖家把舖」店面的裝潢就是由他自己 DIY 動手做的，花費大概五千元而已。

成本控制 . . . .

在成本控制方面，廖先生建議可以儘量降低人事開銷並結合多樣化的產品，來拓展各個層次的客源，並藉此以提高獲利。所以從去年夏天起，廖先生便開始採用複合式的經營模式，除了原有的把舖冰品之外，又加上熱食的販售。除了在上午時段提供早餐、套餐的服務外，在冬季時又推出薑汁撞奶的新產品。此外，針對淡水觀光地區的特性，廖老闆也

食材 . . . .

廖老闆強調，「廖家把舖」所使用的食材可都是使用真材實料，絕不添加香料及色素喔！而且每種口味的把舖都還是以新鮮的原料所製成。以芋頭口味為例，就是先將一顆顆的芋頭清洗乾淨、切塊、煮熟，再將之研磨成泥狀來製成原料。所以在吃把舖時，不僅聞得到芋頭的香味，還可以嚐得到芋頭的顆粒。除了各種口味的原料之外，製作把舖還需要用到的有奶粉及砂糖，砂糖所選用的是品質最好的台糖特級砂糖。

此外，說到把舖，可不能少了那支香香脆脆的餅乾，對此廖老闆說，餅乾部分是向南部專門製作的餅乾工廠訂購的。

廖家把舖

打算再增加宵夜的項目。廖先生表示，他希望藉由多元化的產品，來滿足不同客人的需求，並同時達到人力資源的最佳運用。

而廖老闆也醞釀著要由工廠來生產各類食品，以提供一套完整的食品線給旗下加盟者的計劃，這可使得加盟者依各自不同的需要來訂購產品。

大致上，開設這樣一家冰品店，據廖先生表示，在扣除房租及人事費用後，總計大約需要十萬元左右。目前在淡水店內的人手約有四個人左右，一般而言，廖先生估計，一家店通常只需要三個人手就相當足夠了。

口味特色

「廖家把餔」工廠所生產的把餔口味從巧克力、草莓、芋頭、花生、鳳梨、芭樂、梅子、百香果到紅豆約有十數種之多。由於「廖家把餔」的下游零售商分佈在全省各地，受歡迎的口味也依地域性有所不同。通常在淡水的店裡，草莓和芋頭都相當受到歡迎，而相較之下鳳梨口味則差強人意。

店內的另一項招牌商品薑汁撞奶，雖然才推出不久，但是受到歡迎的程度跟把餔已經不相上下囉！薑汁撞奶顧名思義，主要是由薑汁及鮮奶製作而成。將現榨的薑汁倒入滾燙的鮮奶中，經由溫度控制的技巧，在煮好的三分鐘後，薑汁撞奶便會由原本的液狀漸漸凝固為蒸蛋般的凍狀。舀一匙放入口中，濃郁襲人的奶香中透著微微辛辣的薑味，真是十分美味呢！

廖老闆表示，薑汁撞奶可是清朝後宮嬪妃的養顏聖品喔！

還具有補中益氣的功效。此外，廖老闆也獨具巧思地特別訂製了一個計時三分鐘的漏斗，放在桌上方便客人計算撞奶凝固的時間，同時店內也有備有現榨的薑汁，方便客人自己拿捏薑汁的口味。廖老闆說，到了夏季，他將推出新款的「薑汁撞奶」冰品，同樣的軟腴香濃，而多了冰涼的感受，相信一定也會大受歡迎。

客層調查

就淡水地區的店家而言，大批的觀光客可說是其主要的客源。隨著捷運通車，每到假日時所帶動的觀光人潮更是不計其數。而在這附近一些大專院校的學生，也是「廖家把舖」固定的客源之一。據廖老闆說，「廖家把舖」在採用複合式的經營方式之後，不但顧客的選擇性多了，相對吸引到的客人也涵蓋了各個層面。

未來計畫

「廖家把舖」無論是從店面的經營到工廠的管理，都可說是由廖先生一手包辦。但是工作量之大，有時候甚至忙碌到每天只能睡一個小時，但是廖先生為了努力的擴張事業版圖，除了維持原有的工廠批發業務外，還積極的規劃門市的加盟體系。未來有機會的話，廖先生還構思將把舖推廣到百貨公司的通路部門。廖先生希望能讓更多人享受到這項傳統的美味小吃，而不只是讓西方的冰淇淋專美於前，相信憑藉廖先生如此勤快的奮鬥精神與靈活的商業頭腦，台灣把舖揚名國際的時候應該不會太遠！

如何踏出成功的第一步

　　做生意講求的就是料好實在，以好口味來贏得顧客的心，客人自然就會源源不絕，而現代人注重自然健康，在選用的食材上也要符合的時代潮流趨勢，否則很容易就被淘汰。

　　而對於有意加盟「廖家把舖」的朋友們，廖老闆建議大家要先做好市場定位的分析，在選擇地點上要先經過仔細的評估，例如在學區或都會區開設點，客層就大不相同，消費能力也不一樣，客人所需要及喜愛的產品口味也會有異，所以先針對市場做好一套完整的規畫，便是成功創業的第一步。

項　　目	數　　字	備　　註
◆ 創業年數	4 年	上一代經營把舖製作工廠
◆ 坪數	5 坪	淡水中正路這一帶店租從 8 萬到 13 萬不等
◆ 租金	無	店面自有
◆ 人手數目	4 人	門市店內約 4 人，不包括工廠人員
◆ 平均每日來客數	約 300 人	平常至少賣出 100 支把舖，假日時則有時超過 2000 支
◆ 平均每月進貨成本	約 5 萬元	
◆ 平均每月營業額	約 60 萬元	
◆ 平均每月淨利	約 40 萬	老闆保守估計約 6 成，但據專家評估約有 8 至 9 成左右

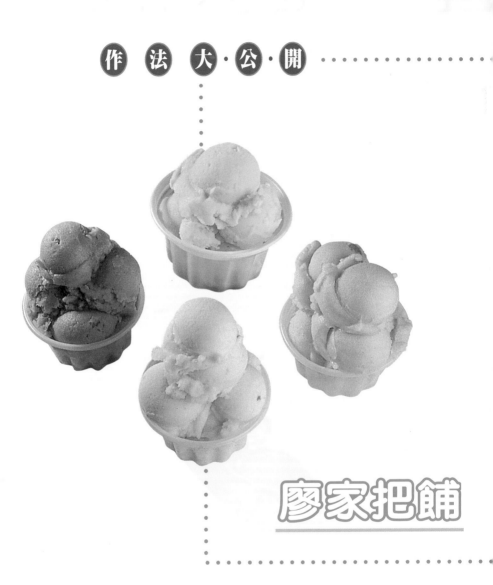

作 法 大·公·開

廖家把鋪

材料

　　製作把餔需要用到的材料有調製好的醬料(例如草莓醬、百香果醬等)、奶粉、黑砂糖及水,以下所需的材料份量是配合製做把餔的機器。

項　目	所需份量	價　格	備　註
黑砂糖	約半桶份量	50 公斤約 1000 元	依等質不同價格有差別
奶粉	約半桶份量	50 公斤約 2500 元	依等質不同價格有差別
醬料原料	約半桶份量	自製	

製作方式

1 前製處理

　　進行花生醬的調製。將一顆顆的花生原粒研磨成泥狀,製成把餔口味的原料,完全不添加色素香料。

2 製作步驟

(1) 依比例將適量的黑砂糖倒入整桶冷水中。

(2) 使用電動攪拌器攪打製成糖水。

(3) 將半桶的奶粉倒入約半桶的冷水中。

(4) 使用電動器攪拌器將奶粉攪打至均勻。

(5) 將攪拌均勻的牛奶倒入之前打好的糖水中。（不直接將奶粉加入糖水中，而是先將奶粉加水攪拌均勻，再倒入糖水中，這樣可以避免奶粉結塊，不易攪拌均勻。

(6) 再將先前調製好的花生醬倒入糖水中。

廖家把舖

(7) 使用電動攪拌器攪打糖水，讓花生醬及牛奶完全均勻融合沒有結塊，花生口味的把舖原料便製作完成。（在加入花生醬後，牛奶會開始發酵，此時原料的香味就會漸漸出來，原料部分便製作完成。）

(8) 將打好的整桶把舖原料，以杓子分裝適量於桶內，分裝主要是要配合製作把舖的機器容量，以免一次倒入太多原料，機器攪拌時會溢出來。

(9) 製作把舖的機器。

(10)將分裝好的把舖原料倒入機器中，啓動機器。

(11)機器溫度設定在零下30度，啓動機器開始攪打，製作時間約20分鐘。

(12)隨著機器的攪打，原料會從液體慢慢膨脹成固體。

(13)機器約攪打 20 分鐘後，把餔大致完成，再以特製的杓子將製好的把餔從機器內挖出。

(14)將製作完成的把餔放進模型中。

(15)分裝完成後的把餔成品，最後則將分裝好的把餔放入冷凍庫中。

▲ 完成品把餔就可以製成各種口味的把餔。

度小月

美味見證

李淑婷（28歲，家庭主婦）

獨家撇步

製作把舖時，奶粉、醬料及水的調配比例為一大重點，這部份也是店家的獨家秘方，會影響到把舖製作出來的口感。

這裡的把舖，不僅口味的選擇性，而且低脂健康味道濃醇，水果口味還吃得到一顆顆新鮮的果粒喔！不僅家裡小朋友喜歡吃，連我都是這裡的忠實顧客。在炎炎的夏日，來上一支傳統把舖，嚐起來的口感可是絕對不輸給其他冰品！

美味 DIY 心得

沈記泡泡冰

無論溽暑或寒冬，

基隆廟口的泡泡冰，

綿密細緻的口感，

總是遊客心中的最愛。

沈記泡泡冰

ⒹⒶⓉⒶ

◆ 地址：基隆市廟口 37 號攤

◆ 電話：(02) 2422-6887

◆ 營業時間：10:00-02:00

◆ 公休日：無

◆ 創業資金：50 萬

   （當初創業金額已不可考，老闆表示大約準備個 50 萬元即可）

◆ 每日營業額：約 3 萬多元（約略估計）

愛一路
愛四路
沈記泡泡冰
愛三路
奠濟宮

若來到基隆廟口沒有吃過泡泡冰，那如同沒來過廟口一般。創立已有二十餘年的「沈記泡泡冰」，早已成為基隆廟口眾多小吃攤中極富盛名的一家店。

▲「沈記泡泡冰」的攤位外觀。

香濃綿密的口感，五花八門的口味，滿足了每位顧客挑剔的嘴巴。無論在選用食材的講究、或製作過程的用心上，店家老闆誠懇的態度都是令我在採訪時所深深感動的，也因此而深刻體會到製作一項成功小吃的艱辛與必須堅持之處。看到店家掛著多位名人到此合影的照片，就不難想像這家泡泡冰所具有無遠弗屆的魅力，或許這也正是店家老闆經營此事業最大的成就所在吧！

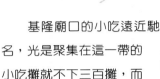

基隆廟口的小吃遠近馳名，光是聚集在這一帶的小吃攤就不下三百攤，而泡泡冰總是為廟口最熱門的小吃之一。

「泡泡冰從一開始熬煮材料到攪拌全都是純手工製作，完全不需用鮮奶油來凝結，全靠手工攪打而成，可以說是中國式的冰淇淋。」

老闆娘沈太太與工讀生們

沈記泡泡冰

廟口泡泡冰的創始者「沈記泡泡冰」，目前是由第一代的沈媽媽及第二代的沈先生兄妹倆一家人共同經營，從一九七六年開始，至今已經有二十多年了。但若真的要追溯起「沈記泡泡冰」的歷史，沈先生說那可就要從阿媽的拿手絕活兒──醬菜說起了。早期沈先生的阿媽在廟口一帶賣醬菜，七十多歲阿媽所做的醬菜，口味可是有口皆碑，深受附近街坊鄰居的喜愛，而這其中又以花豆所製成的醬菜最受到歡迎。到了沈媽媽開始經營泡泡冰的時候，就將阿媽的拿手花豆運用在冰品上，花豆就成了當時泡泡冰創始的口味之一。

打從一開始經營泡泡冰，就是由阿媽一手來調煮花豆配料，花豆必須要選擇大顆而且有年份的老豆，經過十二個小時的浸泡，再悶煮一整天，做出來才會又軟又鬆，所以煮起來是相當的費工夫呢。

　　看到現在泡泡冰的攤位上，總是出現大排長龍的景象，沈媽媽說在二十多年前剛開始在廟口賣泡泡冰的時候，生意也不是很好，大約經過了二、三年之後，口味才慢慢地傳開，生意才漸漸轉好。

　　而許多人來基隆廟口，心中總是會有一個疑問：二家泡泡冰到底哪一家才是真正的廟口第一家呢？沈先生說其實二家打著的招牌都沒錯，原本「沈記泡泡冰」是承租在四

▲ 為了講究乾淨衛生，在這裡的工作人員都會戴上帽子，穿著圍裙。

十一號的攤位營業，後來租約到期，房東便將攤位收回去自行經營；沈媽媽在休息了一年之後，又找到了目前的三十七號攤位開始做生意，所以一家打著是「創始店」的招牌，而「沈記泡泡冰」則是真正的創始人。

　　沈先生在沈爸爸過世之後，便開始接手「沈記泡泡冰」的一些業務，目前他正有計畫要設置直營店，地點可能會是在台北的士林或是西門町，若真如此，以後住在台北地區的朋友們可有福了，想吃泡泡冰的時候，不用再大老遠的跑到基隆囉！

經營狀況

命名 . . . .

　　「沈記泡泡冰」是以個人的姓氏作為招牌名稱。當初沈先生也

有想過要註冊，不過沈記可是老早就有人登記了，大約在二年前左右，基隆廟口重建時，沈先生將原本的招牌「沈記泡泡冰」在沈字下面加了父親的名字，所以現在仔細看攤位上的招牌，應該是「沈有銘泡泡冰」。

地點

沈媽媽一家人都是道地的基隆人，打從一開始做生意的時候，就是在基隆廟口這一帶經營。而廟口指的就是以「奠濟宮」為中心，附近的小吃攤就分布在基隆仁三路及愛四路二旁，「沈記泡泡冰」就是位在廟口最早形成攤位區的仁三路段。

剛開始沈媽媽是承租在四十一號攤位，因為店家將攤位收回去，後來則買下了屬於自己的攤位，也就是現在所位於的三十七號的攤位。

沈先生表示，約莫在二年多前，基隆市政府將基隆廟口的攤販區重新整建，將路面上的管線全面地下化，不僅整條廟口的店家招牌採統一規格，在攤位上也設置了滅火器以及二十四小時的錄影監視器，整條廟口的景觀呈現煥然一新的感覺。

租金

基隆廟口一帶一直都是基隆的商業中心，地價也高居不下，但是沈先生表示，在基隆廟口裡的每個攤位幾乎都為店家自己經營的攤位，不過由於攤位位在店面的騎樓下，店家是擁有使用權而無所有權，所以攤位不需要租金，但是必須要收取營業

沈記泡泡冰

稅及清潔費，而這些費用是整條攤位區統一核定的金額，每年會視情況做調整，目前大約是一個月三千元左右的清潔費。

硬體設備

　　泡泡冰從一開始熬煮材料到碎冰、攪拌，主要的過程都是以純手工來製作。而需要用到的器具主要就是刨冰機、用來攪拌的鐵湯匙以及特製的大碗公。

　　沈先生說製作泡泡冰時所使用的清冰一定要夠細夠脆才行，而冰的厚薄問題主要就是出在刨冰機的冰刀上，要選擇夠鋒利的剃刀，才能將冰塊刨得夠細，所以店內的刨冰機平均每二、三天就得換一次冰刀。製作泡泡冰不能缺少的大碗公，則是特別從鶯歌訂作的陶碗，由於製作泡泡冰所使用的大碗公，在碗的內面一定要維持粗糙不能上釉，因為粗糙的碗面在攪拌時會產生摩擦力讓碎冰與醬料容易融合，所以都需要特別訂製；而大大的碗口，當然是為了方便攪拌所設計的。

　　沈媽媽也提到了在過去製作泡泡冰所使用的粗碗，都是從一般市場買回來的陶碗，自己再慢慢的將碗表面內的釉一一磨掉，相當克難。

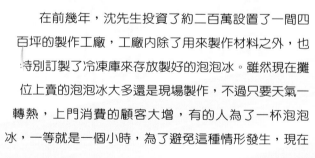

　　在前幾年，沈先生投資了約二百萬設置了一間四百坪的製作工廠，工廠內除了用來製作材料之外，也特別訂製了冷凍庫來存放製好的泡泡冰。雖然現在攤位上賣的泡泡冰大多還是現場製作，不過只要天氣一轉熱，上門消費的顧客大增，有的人為了一杯泡泡冰，一等就是一個小時，為了避免這種情形發生，現在

便會先製作一些泡泡冰預存。不過用來放置泡泡冰的冰箱需要零溫差（一般的冰箱都會有些許的溫差，零溫差指的就是一直維持所設定好的溫度，因為泡泡冰差個一、兩度溫差，冰上面就會出現結晶體），為了保持新鮮，存放的時間上也以不超過一星期左右為限。

成本控制

沈先生表示現在市道不景氣，多多少少也會影響到店內的生意，尤其在納莉颱風過後那段期間，生意明顯差了三分之一。

算一算店內的主要的開銷，沈先生說有將近五成的費用都是花在人事及原物料的支出上。目前不包括工廠的人手，光是攤位上的人手，正職的有八位，工作時間從早上十點到凌晨二點，分成二班制，由於泡泡冰的製作過程完全都是以純手工來攪打，而攪拌時的技巧以及力道的掌控

食材

攤位上的泡泡冰光是口味的種類就有十多種，沈先生表示每種口味所使用的佐料都是自己調製的，從用料到選材都十分講究，可不是買現成的醬料來製作

以店內的招牌口味花豆為例，從一開始就要挑選有年份而且大顆的花豆，經過十二小時的浸泡，再悶煮一整天才算大功告成。而在水果方面，則一定要選擇新鮮的，從削皮、切塊到熬煮全部都得一手製作，相當費時費工。

沈記泡泡冰

上，都是需要經驗累積的，所以在這兒的員工大多都待了兩年以上，個個都是經驗老到的老手。

口味特色

泡泡冰的口味繁多，從花生、花豆、芋頭、巧克力、雞蛋牛奶、鳳梨、草莓林林總總加起來就有十多種。沈先生表示店內泡泡冰的口味，會隨著四季來調整甜度及濃稠度，夏天時是微甜，冬天時口感則要濃一點、甜一點；春、秋二季時，口感則介於兩者之間。而在夏天的時候，花生、花生花豆、情人果都是相當受到歡迎的人氣品項。

沈先生也透露，由於花豆不容易煮爛，通常都要悶煮一整天的時間，煮出來的花豆才會鬆軟，相當費時間，而每一次製作三鍋左右份量的花豆，就要花上二天的時間，由於熬煮出來的花豆數量有限，所以在夏天生意較好的時段，花豆口味是停賣的。下次再面對泡泡冰五花八門的口味時，記得一定要點杯花豆口味的來嚐嚐看，因為費時費力的製作方式，只有內行人才知道喔！

客層調查

看到「沈記泡泡冰」攤位上擺著許多名人來此合影的照片，便不難看出這家店的魅力，而基隆廟口小吃原本就聞名全省，聚集在這一帶的小吃攤少說也快三百家，店內的客源當然是來自四面八方，由於營業時間較晚，也有許多客人是在半夜睡不著覺的夜貓子特地驅車前來吃宵夜。

「沈記泡泡冰」既然這麼出名，媒體自然是不會錯過，到現在前來採訪過平面、電子媒體少說也有十來家，而沈先生也舉例，日前吳宗憲主持綜藝節目「食字路口」單元，來到基隆出外景還特地以「沈記泡泡冰」作為最後的謎底呢！

未來計畫 . . . .

近來，一些基隆廟口的小吃紛紛開始往外擴張版圖，開設連鎖店或是進軍百貨商場，而沈先生目前也有計畫要開設直營店，地點可能會是在台北的西門町或是士林一帶，不過一切尚在計畫中。

不開放加盟而以開設直營店為主的主要原因，也是許多店家共同的考量，就是希望能夠維持產品的一定品質，除了堅持產品的品質之外，而沈先生也認為在產品的定價上一定要與廟口有著一致性，或許會因為每個地方的租金不同而多少減損利潤，但他仍堅持不能轉嫁在消費者身上。

如何踏出成功的第一步

做小吃這一行，沈先生認為自己要先能夠認同自己的產品，才會有信心推薦給消費者；而憑著良心做事，注重品質，更是基本的原則。因此，不論在工廠內或是攤位上，他都十分注重乾淨衛生。而針對夜市內許多老牌攤位，紛紛開設分店或是開放加盟，沈先生也有計畫在台北西門町或士林一帶，開設直營店，如

沈記泡泡冰

果快的話，或許會在四、五月份時推出，而沈先生也相當的堅持在產品的定價上一定要維持統一性，或許因為每個地方的店租不同而多少會減損利潤，但他仍堅持不能轉嫁在消費者身上。

項　　目	數　　字	備　　註
◆ 創業年數	26 年	目前第一代與第二代共同經營
◆ 坪數	無	
◆ 租金	攤位自有	
◆ 人手數目	8 人	不包含工廠人手
◆ 平均每日來客數	約 800 杯	依季節有所不同，冬天最差時應該也有 400 杯，夏天時應該有 3000 杯
◆ 平均每月進貨成本	約 50 萬	
◆ 平均每月營業額	約 200 萬以上	老闆不方便透露，此為編輯部保守估計
◆ 平均每月淨利	約 60 萬	老闆保守估計約 4 成，但據專家評估約 6 至 7 成

沈記泡泡冰

材料

雞蛋牛奶口味的泡泡冰,主要
是新鮮蛋黃以及煉乳作為佐料,加
入碎冰,在大碗公內攪打製成。而
草莓口味,則是以新鮮草莓醬加上
煉乳及碎冰,攪打製成。

▲ 製作泡泡冰的各式醬料,草莓、
　桑椹、情人果、花生等。

項　目	所需份量	價　格	備　註
雞蛋	1顆	1斤約22元	依市價,取其蛋黃即可
草莓醬料	1大匙	自製	
煉乳	1大匙	2打約640元	依市價
清冰	1大碗	自製	

製作方式

1 前製處理

　　部分佐料的製作,需要先行調製,例如花豆則先需經長時間
熬煮。

雞蛋牛奶口味泡泡冰

(1) 倒入約一大匙的濃縮鮮奶於大碗公內。

(2) 準備一顆生雞蛋，取蛋黃備用。

(3) 再將蛋黃放進大碗公內。

(4) 刨入適量的清冰於大碗公內，泡泡冰所使用的清冰一定要極細。

(5) 以鐵湯匙將大碗公內的細冰、鮮奶、蛋黃均勻攪拌，用力攪打，力道需掌握好，且要一直攪拌到冰具有Q度為止。

(6) 將攪打完成的泡泡冰裝
　　進容器內。

(7) 製作完成後的雞蛋牛奶
　　泡泡冰成品。

草莓口味的泡泡冰

(1) 加入一匙左右的草莓醬
　　料於大碗公中。

(2) 加入一匙左右的濃縮鮮奶。

(3) 刨適量的清冰於大碗公內。

(4) 用鐵湯匙將碗公內所有
　　的佐料攪拌在一起。

(5) 開始攪打，要攪拌到冰具
　　Q度時才算大公告成。

(6) 將完成後的草莓泡泡冰裝
　　至容器內即可。

獨家撇步

記得所使用的冰厚度一定要夠細，攪打泡泡冰的技巧也是一大重點，不過需要經驗累積喔！

▲ 各式顏色鮮豔、香濃綿密的泡泡冰。

度小月

在家 DIY 小技巧

由於泡泡冰都是以純手工攪拌而成,一般人在家中利用機器製作,比較難做到相同的口感。一般市面上,有販售小型的雪泥機,不過製作出的口感較稀,不若手工泡泡冰來的綿密。

美味見證

李志誠 (17歲,學生)

每次來到基隆廟口,我一定會來這裡買杯泡泡冰,五花八門的口味選擇,光是看就讓我眼花撩亂了,不過我最喜歡的還是情人果口味,酸酸甜甜的滋味,沁涼消暑。

美味 DIY 心得

芋頭大王

上窮碧落下黃泉，

尋得美味在人間，

好芋只應大王有，

獨門秘傳無他店。

芋頭大王

DATA

◆ 地址：台北市永康街15號之4

◆ 電話：(02)2321-7649

◆ 營業時間：14:00～23:30

◆ 公休日： 無

◆ 創業資金：30萬

　　　　　（此爲彼時的創業資金，折合約當時2至3千元）

◆ 每日營業額：約2萬5千元

信義路二段

麗水街　永康街　13巷　芋頭大王

永康社區

　　相信大部分人都吃過芋頭，也喜愛芋頭那種特殊香甜的滋味，但若你想一嚐芋頭冰的美味，大半的結果都是令人失望的。因為現今市面上普遍販賣的芋頭刨冰或是加工過的芋頭冰品，大部分早已失去了芋頭本身綿密厚實的滋味，而成為摻雜了化學色素、香料及糖分的混合品。

　　但是如果你來到「芋頭大王」，擺在眼前一塊塊碩大光滑的芋頭，光看就不禁

▲「芋頭大王」店外觀，一盤盤飽滿爽口的芋頭刨冰，就是在簡便的餐車上製作完成的。

令人食指大動，在嚐過後飽滿爽口的感覺後，更是只有豎起大拇指讚嘆！難怪這家店敢如此自豪地稱呼自己為「芋頭大王」，因為沒吃過「芋頭大王」就不知道台灣頂級芋頭真正的美味，所以老饕們可得趕快行動囉！

心路歷程

「店裡的招牌芋頭都是來自全省各地品質最佳的芋頭，不但口感佳也含有豐富的營養成分。」

　　早在三十多年前，李老闆與老闆娘在中華商場開設了一家冰果店，由於地點位於當時最繁華熱鬧的西門町，每到假日時，看電影、逛街的人潮，可說是車水馬龍、人聲鼎沸，而生意更是好的不得了！

　　然而隨著中華商場的拆除，李老闆不得不結束該地的生意，而轉往永康公園附近發展。當時永康公園旁已經聚集了許多小吃攤，十分熱鬧。李老闆看準了這裡的發展性，遂開始在這裡開設一家冰店。李

老闆·李秋榮先生

老闆回憶起當初第一天在這裡營業時，共賺進了九百元。就當時的幣值而言，九百元其實已經算是蠻不錯的了，但是仍無法與在中華商場經營時相比擬，李老闆為此心情還沮喪了好一陣子。

　　李老闆回憶起當時在永康公園附近，光是經營冰店的攤子就有六、七攤之多，但是生意最好的，還是李老闆這一家。這是由於店內提供的冰品料好實在，便宜又大碗，讓許多上門的顧客都

覺得值回票價。李老闆笑說：「過去時常會聽到鄰近淡江大學的學生說，下課後要一起到『傻瓜冰店』吃冰。」學生們所指的「傻瓜冰店」其實就是李老闆這一家冰店囉！

　　之後由於政府開始整頓永康公園，附近的攤子逐紛紛結束營業，李老闆也因此休息了約三年左右，直到四、五年前才又開始在目前的店面經營。李老闆說在休息的那幾年，雖然悠閒自在，但只要附近居民遇到他，就會頻頻詢問他何時重新開店。老顧客的全力支持可說是支撐他做生意的一大動力。

　　只要嚐過「芋頭大王」的人，幾乎是沒有人不會豎起大拇指說一聲「讚」！一塊塊碩大完整並透著光澤的芋頭，嚐起來有著香Q紮實的口感，不禁讓人想問他是怎麼做到的？

　　李老闆說，他光是用在研究芋頭的時間就花了三十多年。由於本身學的是農藝，對農產品有相當的研究，而芋頭這種食物的特性又十分難以拿捏，更激發了他研究芋頭的興趣。在經過多年研究與走遍全省各地後，他發現山上的芋頭不但口感佳而且富含豐沛的營養成分，是製作芋頭商品不可多得的類型。

　　另外，在製作芋頭的手法上，李老闆可也是下了一番苦心研究。李老闆表示他每天平均要製作三百多公斤的芋頭，經常都得忙到早上六、七點才能休息，超時的工作量只為了堅持口味及品質。而李老闆三不五時也會跑到其他同性質的店家試吃看看，但是在吃完之後，對於自個家的芋頭更是信心滿滿。

在四、五年前李老闆再次在永康街開店，重振往日風采。同時，陳老闆也在台北中華路附近開了一家「芋頭大王」分店，由他的大兒子在經營，目前兒子也開始跟他學習製作芋頭的技巧。

經營狀況

命名

　　從店名讓人一眼就可以看出這家店最出名的產品非芋頭莫屬囉！既然敢自詡「芋頭大王」這名號，也就代表著老闆對於自己製作的芋頭有十足的信心。當然囉！累積了三十多年的經驗，堅持真材實料，每顆芋頭都是經過李老闆精挑細選，親手製作，所呈現的滋味口感自是不在話下；而從每天門庭若市的營業情況看來，不難發現「芋頭大王」這名稱可謂實至名歸。

地點

　　早時「芋頭大王」在中華商場開始草創，後來隨著中華商場的拆除，李老闆遂轉到永康公園附近。那時候的永康公園尚未改建，附近匯聚了許多小吃攤，十分的熱鬧。當時光是賣冰的攤子就至少有六、七攤之多，而李老闆就是其中的一攤。「芋頭大王」在永康公園旁一做就做了十幾年，後來由於台北市政府要整頓永康公園，便開始取締附近的攤子。為此李老闆收起攤來休息了三年左右，直到幾年前才又找到目前的店面，而重起爐灶。

芋頭大王

最初會選擇在永康公園附近擺攤,主要是李老闆當時看準了這裡的發展。永康公園附近聚集了幾個社區,又鄰近學校一帶,光是做社區居民及學生的生意,就充滿無限的商機了。而隨著近幾年永康街的蓬勃發展,在在證實了李老闆的慧眼獨具,而不得不佩服李老闆獨到的生意眼光了。

租金

這間店面看似小小的,又位於不起眼的角落,僅約三坪大的空間,每個月的租金就高達十五萬元。李老闆說:「當時尋找地點時,附近這一排的店面都已經出租,唯一剩下的就是現在這個店面。由於大部分的食物都是在附近的家中製作,因而可為店面省下不少空間。在緊鄰的小吃攤騎樓裡再擺上幾張桌椅,倒還能容納一些客人。」

李老闆表示,由於近年來永康街這一帶發展迅速,租金愈來愈昂貴,倘若想在這附近開店,在成本計算上可得好好考量不可。

硬體設備

用來蒸煮芋頭以及熬煮冰品配料,共需大小鍋子數量約十幾個。店內的刨冰機,一台約二千多元。冰櫃的大小則視每個人不同的需求而定。李老闆說,這些硬體設備可集中到環河南路一帶的店家一起購買。裝潢方面,李老闆說,由於店面不大,因此不太需要什麼裝潢,所以節省了一筆裝潢的費用。

成本控制

芋頭品質的等級，直接反映在價格上。一般芋頭的進貨成本每公斤大約二十到三十多元左右，而「芋頭大王」所使用的芋頭每公斤售價卻高達六十元。雖然進貨成本昂貴，李老闆可沒有轉嫁在消費者身上，反而以薄利多銷、節省人力的經營模式來降低成本。

目前總店裡的人手，除了老闆娘以外，還請了一名員工幫忙，每月薪水的支出約三萬多元。另外在產品的製作上，主要則由李老闆來負責，平均每天大約要處理三百多公斤的芋頭，光是將這些芋頭切塊到烹煮所耗費的時間及體力就相當驚人。店裡目前使用的芋頭是以一袋一百元的價格，請批發商削皮後才送到店中，雖然必須再另外多花大約 100 元左右，但卻可以節省一些時間。

食材

說起「芋頭大王」的招牌芋頭可真是大有來頭，這些芋頭可是李老闆跑遍了全台灣的芋頭產地，所精心挑選出來的優質品種喔！經過多年的研究，李老闆發現山上的芋頭不僅口感佳，營養也相當豐富。這主要是由於山上的芋頭是用紅土播種，含鈣量豐富，但是相對地生產的數量也不多，因此價格自然不便宜，每公斤的進貨價格約在六十元左右。難怪李老闆會得意的說，全台灣最好的芋頭可能都被他收購了。

至於其他的冰品配料，像是紅豆、薏仁等，可以向迪化街的批發商購買。

芋頭大王

口味特色

　　只要吃過「芋頭大王」的招牌商品芋頭牛奶冰的人，一定會對那香Q爽口的芋頭難以忘懷。李老闆說，賣出的冰品中有七成以上是芋頭牛奶冰。另外在其他三成的雜項冰品中，顧客也大多會點上芋頭這一項。芋頭除了搭配冰品外，「芋頭大王」也販賣調煮好的冷凍乾芋頭，一般人買回去只要將芋頭切塊再加點糖水或是直接切塊來吃，都相當的美味！

　　在夏天可以來盤濃郁Q韌的芋頭冰，在冬天不妨嚐嚐熱騰騰的芋頭湯，因此芋頭在這可是不分季節地受到客人喜愛喔！而對於紅豆的調理，李老闆可是信心滿滿，如何調製大顆而完整的紅豆，吃起來鬆軟而不會糊爛，可是李老闆烹調的一大秘訣。

　　在冰品之外，「芋頭大王」還販售蚵仔麵線、燒仙草等食物。對於店內販售的每項食物，李老闆拍胸脯保證，絕對是本著良心製作，既傳統又健康。未來，李老闆也打算在總店增加一些冰品的項目，像是芒果冰。目前芒果冰在中華路的分店早已開始販賣，雖然會與緊鄰的冰店的客源有所重疊，但李老闆一點也不擔心，畢竟各有各的口味。

客層調查

　　「芋頭大王」在永康公園一帶經營了十幾年的時間，自然累積了不少固定的客源。經過這麼多年，李老闆與這些老顧客們早就培養出深厚的情感了，附近的社區居民、師大的教授及學生們，

都已成為這裡的主力客源之一。

　　此外，藉由老顧客們口耳相傳的引薦，許多政府機關也都會來此下訂單，連前中研院長吳大猷在嚐過李老闆製作的芋頭後，都十分讚賞呢！

　　但是「芋頭大王」的名氣可不僅於此喔！除了國內多家平面及電子媒體都曾經報導之外，連遠在日本、香港等地的媒體都曾遠渡重洋前來取經喔！像是日本的寶島社及富士電視台都對李老闆的芋頭讚譽有加。近幾年隨著永康街觀光業的發展，吸引了愈來愈多從國外來的觀光客，三不五時都能看見手拿裡著美食雜誌想前來品嚐的客人。李老闆說道，許多來自香港、日本的客人在嚐過「芋頭大王」的芋頭後，返國後還會經常寫信告訴他店內的芋頭有多美味呢！

未來計畫

　　李老闆的兩個兒子都有意接手父親的事業，目前大兒子和媳婦倆早已經在台北中華路一帶經營一家分店，生意也是相當不錯。而李老闆也正積極的為另一個兒子尋覓適當的店面，原先在忠孝東路頂好一帶看中一個店面，但由於租金實在太高了，衡量之下實在划不來，便放棄了那個地點。

　　辛辛苦苦鑽研了三十多年製作芋頭經驗，未來李老闆只打算把這個技術傳給兒子，並沒有開放加盟的打算。現在大兒子每天晚上在店內營業時間結束後，都會來和父親學習製作芋頭的方式，李老闆也希望藉由下一代的接棒，繼續打響「芋頭大王」的名號。

如何踏出成功的第一步

　　做生意要秉持良心是李老闆一再強調的，採用的食材絕對要是健康自然，對於食物也要花心思研究，可不要一味只想要仿效別人的做法，這樣才能建立起出自己獨特的招牌。

　　李老闆雖然口口聲聲說自己研究多年的技術是不外傳的，也不打算開放加盟，但面對眾多媒體的採訪，李老闆倒也相當大方的傳授，不過一切都是經驗論，是需要長時間累積研究的，可不是我們三兩下就能學習得了。倘若真的對於這項小吃有興趣，不妨可前去向老闆請教請教，說不定個性相當豪氣的李老闆到時候會有不同的想法喔！

項　　目	數　　字	備　　註
◆ 創業年數	34 年	從早期在中華商場時期算起
◆ 坪數	3.6 坪	此為店面空間，另有製作食材的場所
◆ 租金	15 萬	
◆ 人手數目	3 人	製作部分由李老闆負責，店面除了老闆娘之外，另聘請 1 名員工
◆ 平均每日來客數	約 500 碗	依季節而有所不同
◆ 平均每月進貨成本	約 35 萬	
◆ 平均每月營業額	約 80 萬	
◆ 平均每月淨利	約 30 萬	老闆保守估計約 3 至 4 成，但據專家評估約 6 至 7 成以上

作 法 大 公 開

芋頭大王

材料

芋頭牛奶冰：

將煮製好的芋頭配料，取適量放在清冰上，再淋上適量的奶水及煉乳。通常一盤芋頭牛奶冰上所放的芋頭份量約一塊半的乾芋頭。

▲ 芋頭牛奶冰所使用的材料有芋頭煉乳以及奶水。

項　目	所需份量	價　格	備　註
芋頭	通常一盤芋頭牛奶冰上所放的芋頭份量，約一塊半的乾芋頭	1公斤60元	視品質而定，價格不等，山上的芋頭較昂貴
砂糖	製作芋頭時，糖與芋頭所放的比例為2：1	50公斤1000元	視產品等級，而有不同
煉乳	酌量	2打640元	依一般市價
奶水	酌量	1打340元	依一般市價

製作方式

1 前製處理

先將芋頭削好皮備用。

2 製作步驟

(1) 用清水及菜瓜布將芋頭清洗乾淨。

(2) 先將芋頭的頭尾部切掉，再依同等份將芋頭平均切塊。

(3) 將切好的芋頭塊，重疊平放在內鍋中。

(4) 在裝有芋頭的內鍋中注滿水。

(5) 在大鍋內注入適量的水，再將裝有芋頭的內鍋放進大鍋中，蓋上鍋蓋，開火準備蒸煮。在蒸煮的過程中外鍋需隨時地加水來維持蒸氣，直到裝有芋頭的內鍋裡頭的水分蒸乾為止。

(6) 當內鍋的芋頭已經蒸熱時，加入白糖，芋頭與白糖的比例是2比1。

(7) 繼續蒸煮，直到內鍋的水分完全蒸乾時，糖分便會均勻地滲進芋頭內，便可關火。

(8) 蒸煮好的乾芋頭成品。

(9) 將冰塊刨成適量的清冰。

(10) 在清冰上放入切好的芋頭塊。

(11)淋上適量的煉乳。

(12) 再刨些許清冰在冰上。

(13) 淋上適量的奶水，
即完成好吃的冰品。

(14) 完成後的芋頭牛奶冰成品。

獨家撇步 芋頭的製作方式，為老闆研究多年的心血，也是芋頭好吃的秘訣所在。

在家 DIY 小技巧

蒸煮芋頭所使用的器具很簡單，就是鍋子跟瓦斯爐而已。一般人在家蒸煮芋頭，可準備二個尺寸大小不同的鍋子或是電鍋，依照上述的方式，當內鍋芋頭已經快蒸熟時再加入砂糖，記得在外鍋要一直維持水分，直到內鍋的水完全蒸乾喔！

美味見證

美代子（35歲，服務業）

這裡的芋頭牛奶冰便宜又大碗，大塊大塊的芋頭，吃起來風味十足，香Q鬆軟的口感，既不會太甜也不會有糊糊爛爛的感覺，再搭配上煉乳醍味，真是芳香濃郁！此外，我也經常買這裡的乾芋頭，買回家後只要將芋頭切塊再加點糖水，就可以吃了，仍是一樣的美味呢！

美味 DIY 心得

辛發亭

蜜豆冰對雪片冰，

冰冰有革新。

新奇巧思加創意，

締造財源滾滾進。

辛發亭

DATA

◆ 地址：台北市士林區安平街1號

◆ 電話：(02)28831123

◆ 營業時間：12:00～24:00

◆ 公休日：無

◆ 創業資金：6萬

（店家最初創業資金已不可考，此數字為老闆娘預估一般人創業扣除店面租金後，所需的基本創業資金再約略推估）

◆ 每日營業額：2萬5千元

大南路
小北街
文林路
辛發亭
大東路
安平街

來到店內清潔明亮的環境，讓人很難想像這裡是賣著傳統刨冰的冰店。等到老闆端出一大盤盛滿豐富配料的蜜豆冰，才真的相信來到了這麼一家注重飲食環境品質的好店。除了有著濃濃懷舊氣氛的蜜豆冰外，一片片宛如雪花飄然飛下而跌落在盤中的雪花冰，更可說是這傳統冰店勇於突破、力求革新的創意冰品。

看著店內座無虛席的客人大口大口地吃著各式的冰品，暢快淋漓的氣氛瀰漫充斥，可真是令人有暑意全消而彷彿置身北極的幻覺，或許這也是「辛發亭」的驕傲之處，即勇於革新，不斷突破！

▶「辛發亭」店外觀景。

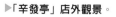

心路歷程

「店內提供的冰品,都經過高溫低溫殺菌,健康衛生,消費者絕對能吃得安心。」

老闆娘‧吳小姐

辛發亭

「辛發亭」是台北士林地區享富盛名的老牌冰店,老闆林先生跟妻子吳小姐為「辛發亭」的第二代接班人。最初林先生的父親在經營時,只是簡單地在現今的店門口擺著路邊攤。直到民國五十九年,才收起攤子改以店面的模式經營。而隨著生意愈來愈好,「辛發亭」的店面也不斷的擴大並往內擴充,到目前為止,店內面積已擴大到約可以容納一百人的規模。

起初開始經營時,「辛發亭」主要是以蜜豆冰最為聞名。滿盤的刨冰裡覆蓋著許多豐盛的配料,包括紅豆、大豆、綠豆、湯圓、地瓜、蜜餞、脆皮花生以及四種當季的水果,光聽一長串的名稱下來,就足以讓人食指大動了!另外,製作蜜豆冰所使用的清冰可是特別的刀削冰喔!吃起來的口感較粗較脆,再搭配豐盛的配料及淋上特別熬煮的糖水,可說是再適合也不過了!

在第二代的林先生接手店內生意後,他不斷地研發各種新口味的冰品,其中最出名的莫過於民國七十年發明的雪片冰。雪片冰與一般雪花冰不同,因為冰塊製作方式不同,而雪片冰則更為綿密。

這種利用牛奶或花生醬調製而成的特殊冰磚,藉由裝有特殊冰刀的刨冰機,將冰磚刨成一片片如雪片般的形狀,層層疊起就如同一座聳立的冰山,看起來就實著令人暑意全消!而入口時綿

密細緻的口感，夾帶著濃濃的牛奶味或花生味，更是會令人忍不住還要再來一盤呢！此外，雪片冰曾入選一九九九年中華民國最佳魅力商品，這似乎也可說明了雪片冰的高人氣與品質保證呢！

還有另一點獨特的是，「辛發亭」的糖水素有「巴黎香水」的美譽。這是由於店中所使用的糖水都是由老闆娘吳小姐所特別熬製的。吳小姐在糖水中加入她精心研究的獨家秘方，因而使得糖水不僅聞起來特別的香，嚐起來的味道也十分清甜，而不會如同一般的糖水有嚐起來太甜膩的缺點。

另外，對於店內整潔的環境，老闆娘吳小姐可是相當引以為傲。她說許多客人來到這裡吃冰，都直說沒有看過冰果店是像這裡這麼乾淨的。

經營狀況

命名

「辛發亭」這個名稱已經在民國六十一年時登記註冊了，會取這個店名，老闆娘吳小姐表示，其實涵義很簡單，「辛」字是指辛苦實在地做事，「發」字則是取自第一代的林老闆的名字，而「亭」字則是三十多年前大多數的冰店會取以為店名的名稱。

地點

　　從第一代的林老闆時期，就
是在自家店門口擺路邊攤。後來在
第二代的林先生接手後，並未想過
要更換地點，反倒是在民國六十一年
時，林先生收起原有的攤位而開始改以店面的
方式經營，之後逐漸一步步地將原有的營業面積加以擴充。

　　「辛發亭」店面位在士林地區，由於附近學校帶來豐沛的學生
人潮，所以早期生意一直都相當不錯。但是後來在目前店面所處
的這條狹小巷弄中，接連出現了二、三家的冰館，雖然其中最出
名仍為「辛發亭」莫屬，但是多少也分散了一些客源。

租金

　　由於目前店面是自己的房子，因此不需要額外的房租花費。
一樓店面共約三十二坪的空間，再扣掉吧檯部分，全店大約可容
納一百位的客人，樓上則是老闆自個兒的住家，同時也是製作店
內冰品材料的地方。老闆娘也透露附近店面的租金行情，大約在
十萬元左右。

硬體設備

　　第一代林老闆創業時的營業登記為三千元，而店內大部分的
設備都使用很久了，冰箱及吧檯都是特別訂做的，老闆娘表示製
做雪片冰的特殊機器，是以前從國外進口的，這在當時大概要花
費三十萬元，現在應該是已經買不到了。

辛發亭

食材

雪片冰主要有花生冰及牛奶冰兩種口味,所使用到的材料其實相當簡單。牛奶冰主要是用奶粉、砂糖以及冰塊下去攪拌而製成冰磚;而花生口味則是以市面上販售的花生醬再加上冰塊來調製。老闆娘表示,很多人都以為雪片冰綿密厚實的口感是因為刨冰機器的關係,但其實冰塊的製作方式才是重點。直到現今,「辛發亭」店內雪片冰的冰磚都還是由老闆娘親自調製的。

至於蜜豆冰及其它刨冰所需用到的雜糧豆類,都是在迪化街採買的,醬料類則大多是向貿易商直接訂購,品質會比較好。店內的每種配料為了維持新鮮口感,都在前一天晚上熬煮,而冰塊都是經過低溫殺菌,絕對衛生可靠。

而目前坊間所謂的雪花冰、綿綿冰,口感與雪片冰仍有所差異,最主要的原因就在於冰塊的製作方式。雖然「辛發亭」雪片冰所使用的機器已經絕版,但是一般製做雪花冰、綿綿冰的機器,在環河南路一帶的材料行就可購買得到。

成本控制

根據老闆娘的說法,一些乾貨雜糧的品質好壞,反映在價格上可是呈現出明顯的差距。雖然現在市面上有許多進口的食材,但是還是以台灣出產的品質最好,相對的價格上也比較昂貴。而店內一定是使用品質較好的材料,所以每個月光是花在這些材料支出的費用就需要二十到三十萬元。

在食材的製作部份,主要還是由林老闆自家人在負責烹煮,扣除這些基本的人手之後,店內目前總共請了六位工讀生來負責輪流早晚班的工作,而平均每個月在人事方面的開銷大約八到十萬元。

口味特色

在這裡除了可以嚐到各式口豐富多料的蜜豆冰可說是早期為「辛發亭」紮下堅實基礎的招牌冰品，而由第二代老闆林先生所研發的雪片冰，則是為「辛發亭」刮起另一道流行旋風的創新冰品。

老闆娘吳小姐說，店內的蜜豆冰加入了紅豆、大豆、綠豆、湯圓、地瓜、蜜餞、脆皮花生七種配料，再搭配上四種當季的水果所調製而成。以豐富的配料取勝，再搭配刀削粗冰的特有口感，最後再淋上由她特別調製的糖汁，如此一盤蜜豆冰才算大功告成。

這種讓老闆娘暱稱為「巴黎香水」的獨特糖汁，主要是以純砂糖搭配獨家的秘方加水下去熬煮，不需要加冬瓜露醒味。熬煮開後的糖水聞起來有種特別的香味，一匙匙淋在冰上，香氣更會滲入到整盤冰裡呢！

至於店內另一項招牌雪片冰，則主要有花生及牛奶二種口味。牛奶冰是以奶粉、糖及冰塊攪拌製成冰磚，而花生冰則是用花生醬和冰塊攪拌製成冰磚。二者雖然都是雪片冰，但因原料的不同，以至於嚐起來的口感也略有差異。以牛奶為底的雪片冰，嚐起來細細綿綿，而且入口即化，再加上還可以淋上草莓、桑

▲ 店內的招牌冰品：花生雪片冰「雪山蛻變」。由牛奶加花生醬的獨特秘方製成，花生濃厚的香氣特別誘人。

椹等不同口味的醬汁,使得加料的選擇性多,所以比較受到客人喜愛。而以花生醬調製的雪片冰,口感則比較綿密濃稠,完成後灑上五彩巧克力豆,濃郁的花生香味,外加上繽紛的色彩,也不禁讓人食慾大動。

除此之外,店內還有另一項最新招牌,就是林老闆在民國八十五年時所研發的雪球冰。雪球冰主要原料是以鮮奶、雞蛋調製而成,共可分為情人果、芋頭及酸梅三種口味,而且只限定在夏天才有販售,可算是「就此一家,別無分店」的高人氣指數冰品呢!

客層調查

從一開始在士林夜市做生意時,學生族群就是「辛發亭」固定的一群的客源。由於鄰近銘傳大學等大專院校,許多學生在下課後經常就呼朋引伴地前來吃冰。此外,士林夜市原本就是台北頗具規模的觀光夜市之一,附近的攤販、店面,總計加起來不下數百家,光是看這些絡繹不絕的小吃或逛街購物的人潮就相當驚人了,因此也相對的帶動店內的生意。

而由於士林夜市也是外國觀光客來台觀光必訪的行程之一,因此這些來店光顧的客人可說是來自四面八方,外國觀光客更是不在少數。所以店內也經常出現不少從香港、日本及美國等地前來的客人。老闆娘說來到店裡吃冰的觀光客,有的是看到雜誌裡的報導自己看地圖找來的,有的則是經由旅行團導遊的介紹而來到這兒吃

▲ 創店時的招牌蜜豆冰。

冰。對於「辛發亭」所販賣的各式冰品，許多導遊可都是豎起大拇指，讚譽有加而大力推薦呢！

未來計畫 . . . .

在林老闆與老闆娘吳小姐的努力下，「辛發亭」的金字招牌已經揚名到海外，而不是僅止於台灣了。雖然店內的顧客絡繹不絕，生意十分興旺，然而對於加盟或是到海外設點，兩人還是傾向保守的作法。即使連新加坡、美國都有人前來詢問加盟事項，但對此林老闆持較謹慎的態度，因此目前並還未有加盟的計劃，暫時只希望能繼續維持「只此一家。別無分號」的經營模式。有興趣要與「辛發亭」合作的人，可是要再等等囉！

此外，「辛發亭」提供的冰品種類已經近五十種，但是老闆林先生還是持續地在研發其他新口味的冰品，他希望能在既有的雪片冰、雪球冰之外，還能夠推陳出新，以迎合上門顧客求新求變的需求。

如何踏出成功的第一步

老闆娘吳小姐認為做生意講求的是做永久的生意，除了東西要講究真材實料之外，衛生條件也是需要注意的基本原則，一般傳統的冰店總是給人環境較髒亂的印象。為了顛覆這種印象，她相當注重店內環境的整潔，基本上就是要讓上門的顧客吃得美味、吃得安心，藉由這樣慢慢來建立起口碑招牌。

雖然有許多人特地遠從新加坡、美國前來詢問合作或海外加盟的可能性，但老闆娘表示目前店裡的經營作法趨向保守，暫時不會有什麼新的變動，未來倘若有什麼新的想法或者是合作對象，到時候再說吧！

成功創業一覽表

項　　　目	數　　字	備　　註
◆ 創業年數	30 多年	民國59年時改以店面形式經營，目前已經是第二代經營
◆ 坪數	32 坪	大約可容納 100 人左右
◆ 租金	店面自有	附近的租金行情約在 10 萬元左右
◆ 人手數目	8 至 9 人	店內工讀生 6 人
◆ 平均每日來客數	約 500 盤	依季節會有所不同，500 盤為最保守的估計
◆ 平均每月進貨成本	約 20 至 30 萬元	據老闆娘說法，每月至少花費 20 萬
◆ 平均每月營業額	約 80 萬元	根據來客數，以每日五百盤冰，約略推估
◆ 平均每月淨利	40 萬	老闆娘保守估計約 5 成，但根據專家估計約7至8成左右

作 法 大·公·開

辛發亭

材料 · · · · · · · · ·

　　以招牌冰品草莓牛奶雪片冰為例，一塊做好的牛奶冰磚的份量約可做成十盤冰，牛奶冰磚的材料為奶粉、砂糖、冰塊，調配的比例老闆不便透露；草莓醬料則以新鮮草莓搭配草莓醬調製，酌量加上；糖水適量淋上即可。

▲ 蜜豆冰的各種材料，包括紅豆、花豆、綠豆、湯圓、地瓜、蜜餞、脆皮花生7種配料，再搭配4種當季水果。

項　　目	所需份量	價　　格	備　　註
奶粉	適量	50公斤2500至2700元不等	依等級不同，價格也有差別，店內選用上等等級，價格較昂貴
特級砂糖	適量	50公斤900至1000元不等	
冰塊	適量	自製	冰塊都是經由低溫殺菌製成，衛生健康
草莓醬	酌量	自製	以新鮮草莓搭配果醬調製
奶水	適量	1箱1350元	依一般市價
煉乳	適量	2打640元	依一般市價

製作方式 ・・・

1 前製處理

牛奶雪片冰製作方式：

　　加入奶粉、冰塊以及砂糖，依適當的比例調配，再藉由攪拌方式調勻，將調置好的成品放進製冰模型中，再放入冷凍庫內經由低溫殺菌急速冷凍製成冰磚。

2 製作步驟

(1) 製作完成的牛奶冰磚成品。

(2) 將冰製好的牛奶冰磚，從模型中倒出。

(3) 將牛奶冰放到特製的刨冰機上開始刨冰，刨冰時必須一手移動刨冰機的轉輪，一手托著盤子旋轉。

(4) 要刨出層層堆疊如雪山般形狀的雪片冰，是需要技巧的。重點在於托著盤子的一隻手，必須不時的轉動盤子，才能堆疊出聳立的形狀。依照此刨冰的技巧刨出來的冰才會好看。

(6) 在刨好的牛奶雪片冰上加入適量的新鮮草莓醬汁。

(5) 刨好的牛奶雪花冰。

(7) 在牛奶冰上淋上適量的新鮮草莓醬汁與糖水後，即完成草莓牛奶雪片冰。

在家 DIY 小技巧

一般人若要在家中自行製作，不妨利以鮮奶調配適量砂糖，放入冰箱冷凍庫中冷凍，來製作簡單的牛奶冰。再將牛奶冰放進果汁機中攪拌或是用湯匙或其他工具，將牛奶冰攪碎，最後再淋上喜愛的果醬口味，簡略的製作方式，當然口感會不同，不過還是嚐得到濃濃奶香。

「辛發亭」的招牌冰品雪片冰及蜜豆冰。

度小月

　　牛奶雪片冰能有綿密細緻入口即化的口感，秘訣就在於冰塊的製作方式，而非使用特殊的機器。

美味見證

靳又亭 （14歲，學生）

　　最喜歡在下課之後和同學一起來這裡吃冰，這邊的冰不僅口味種類多，而且份量又大，整盤冰上面都是滿滿的各式豐富配料，有時候都是跟同學們二個人分著吃才吃的完呢！

美味 DIY 心得

柳家涼麵

爽口夠Q的麵條，

濃郁香醇的醬汁，

加上老闆親切的招呼

是成就「柳家涼麵」金字招牌的不二秘訣。

柳家涼麵

DATA

- ◆ 地址：台北市光復南路 21-1 號
- ◆ 電話：(02) 2763-4573
- ◆ 營業時間：04：00-08：00 之前
- ◆ 公休日：週一
- ◆ 創業資金：約 5 萬
  （最初創業資金已不可考，此為約略推估）
- ◆ 每日營業額：約 1 萬 2 千元

八德路四段

光復南路　17巷

柳家涼麵

市民大道

吃厭了便利商店裡華而不實的日式涼麵嗎？以為涼麵就只是那種平凡的滋味嗎？若你有上述的這些困惑，不妨嚐嚐「柳家涼麵」，這可是具有讓你一新耳目的頂級涼麵滋味喔！只不過呀！如果你也屬於都市居民裡的貪睡一族，那肯定就嚐不到這道地的北方涼麵口味囉，因為這家店裡的涼麵可是不到早上八點就銷售一空的著名麵店。所以，倘若老饕們想要一嚐美味，就得當個早點睡

▲ 近四十年老字號的柳家涼麵。

覺的乖寶寶，或許，在一大清早趕走睡蟲後所吃的涼麵會格外香甜誘人呢！

心路歷程

俗話說：早起的鳥兒有蟲吃。但倘若你想一嚐「柳家涼麵」的美味，就得起個大清早，否則就只得明日請早囉！對想一嚐「柳家涼麵」的老饕們而言，因為晚起而吃不到可是常有的事喔！

從一九六三年開業以來，「柳家涼麵」一直維持著從凌晨四點開始營業的作息，五、六十斤的麵條往往到了早上六、七點間就賣完了。

目前的負責人柳老闆為「柳家涼麵」第二代的傳人，回憶起當初柳老闆的父親經營時，也曾度過一段慘澹經營的時期。

「店裡的涼麵都是前一天晚上煮好，隔天一早就現賣，醬汁也是現場依顧客的口味來調製的。」

老闆、老闆娘・柳友梅先生及柳太太

話說在民國五十年代時，一般人對於涼麵的接受度，並不如現在這麼普及，尤其當時大多數的本省人是不吃涼麵的，因為本省人多半存有「涼的東西怎麼可以吃」的觀念，因此當時柳伯伯的主要顧客多半是退伍老兵及計程車運將。然而在經過十來年後，涼麵這項美味小吃逐漸普及化，柳伯伯精湛的手藝，也漸漸傳出了口碑。等到了目前的柳老闆接手時，「柳家涼麵」也已經累積了相當的名氣。對此，柳老闆客氣的表示，最初他也沒有想過要接替父親的工作，但在二十六歲

退伍後，對於將來工作並未有其他計畫，因此自然而然地就接手父親的工作了，算一算至今也有十幾年的時間了。

「柳家涼麵」數十年如一日的堅持，不僅反應在多年來不曾改變的營業時間，更表現在對於品質的要求上。柳老闆及老闆娘每天晚上從七點即開始準備隔日所需的油麵，到了凌晨三點便要準備營業，而製作麵條的時間到營業的時間都是經過精密計算的，而這正表現在

▲ 老闆工作中情形。

從煮麵到冷卻的時間精準的拿捏上，因此客人在營業時間內所嚐到的涼麵，都是涼麵呈現最佳口感的時段。從店內每天高朋滿座的情況，不難發現這傳承父子二代經驗的「柳家涼麵」，的確會讓許多嚐過的顧客大快朵頤而一再上癮。

經營狀況

命名

仔細看看「柳家涼麵」小小的招牌，會發現除了店名之外，旁邊還有個®的註冊商標。沒錯！「柳家涼麵」這四個字，柳老闆可是老早就申請專利了！最初，由柳老闆父親經營的涼麵攤是

沒有命名的，但到了柳老闆接手時，柳家的涼麵名氣已經相當響亮，也吸引了許多慕名而前來一嚐的顧客，然而當時由於麵店未取店名又位在不顯眼的巷弄內，再加上松山區附近也接連新開了許多的涼麵店，導致許多人經常特地來到了該地，不是尋不著「柳家涼麵」的位置，就是搞錯了店家。為了改善此種現象，同時也為了保留從父親時代就傳下的優良口碑，柳老闆在搬進現今店面後，就正式取了「柳家涼麵」的店名，同時也將該店名申請登記專利商標，以免顧客與其它同性質的店家發生混淆。

地點

　　早從柳老闆父親做生意的那個時代，就一直在光復南路這一帶經營。當初還沒有店面時，流動的攤子也經常得面臨警察的取締。到了民國八十年，柳老闆頂下了現在的店面，當初其實並未經過太多考量，因為從過去就一直在這一帶的地區經營。目前的店址雖然是位於台北市的精華地段，但由於地處巷弄內，一般過往的路人其實不太容易發現，再加上營業時間又特別的早，很難吸引到過路的客人，因此會來光顧的多半還是以老主顧及慕名前來的客人為主。

租金

　　目前的店面為柳老闆所有，所以省下了一筆房租的開銷，附近的店租也因所處的位置不同，而有不同的價格。例如位在街道旁或位於巷弄內，這之間就有頗大的價差，以柳老闆目前店面的位置，約十坪左右的大小，店租的行情約在四萬六千元上下。

柳家涼麵

硬體設備

　　製作涼麵並不需要一些特別的設備，主要就是一些基本用來下麵的鍋爐器具。對於這些鍋爐設備，柳老闆建議可到台北市環河南路一帶購買。該地不僅種類尺寸齊全，價格上還可多比較。除了煮麵所需的基本設備之外，用來挑麵及加上沙拉油的檯子，則可視各人需要購買或訂作。

　　此外，「柳家涼麵」製作的特點是，起鍋後的涼麵是不過冰水的，而是依天氣冷暖、季節的不同，以大型電風扇或是冷氣來為麵條散熱，這是「柳家涼麵」之所以能夠製作口感絕佳的麵條，不可或缺的要素。再者，「柳家涼麵」小小的店面是以口碑及品質為號召，因此並未多作裝潢，簡單樸素的幾張桌子、椅子，仍吸引了大批絡繹不絕的顧客。因此想做這門生意的所需用到的烹調器具相當簡單，扣除租金成本，開業所需的硬體及週邊費用應該不超過五萬元。

成本控制

　　在成本控制方面，柳老闆則表示本身做的是小本生意又是家傳事業，並沒有很仔細的在計算成本上，只要埋頭用心做好吃的、料好實在的美食，自然會吸引顧客上門，因此不要去斤斤計較一盤麵可以賺多少錢。由於每個客人口味不同，在一些配料、醬料的採買上比較難去估算利潤成本，像是有時候遇到喜歡重口味的客人，更是會在一盤涼麵上加滿各種各式的配料及醬料。不過大致上平均下來每個月的支出開銷是不到十萬元。

目前「柳家涼麵」共分有特大、大、中、小四種份量可選擇，所提供的麵量可是能讓顧客有絕對的飽足感喔！

口味特色

「柳家涼麵」最著名的當然是Q韌爽口的涼麵，而涼麵的一大特色就是那爽口味濃、芳香四溢的醬料囉！「柳家涼麵」的醬料都是由老闆依每個客人的口味當場調味的，包括蒜、辣椒、芥末等調味料，所以喜歡清淡點的，喜愛重口味的，或想來點嗆辣的芥末口感，都可以當場告訴老闆，一定能給你絕對的口感。除了涼麵之外，這裡也提供味噌湯、皮蛋豆腐等小菜，也是料好實在，同樣受到顧客的歡迎。

食材

涼麵最著重的食材就在於麵條及醬料兩部分了。除了在煮麵時火侯控制的技巧，像是撈麵的速度、何時要加水等等，會影響到麵條的Q度之外，乾麵本身在壓麵時所處的溼度及溫度也是影響麵條好吃與否的關鍵之一，所以柳老闆對於麵條的來源也是相當講究的，多年來麵條都是向特定的廠商訂購的。而煮好的涼麵也有一定的食用時間，為了維持涼麵的最佳口感，凡是只要一到早上八點，沒有賣出的涼麵是一律倒掉的，當然遇到這種情況是少之又少。在醬料部分，所需用到的醋、辣椒、糖、芥末、麻醬以及小黃瓜等配料，都是購自一般的傳統市場。

客層調查 . . . .

　　根據柳老闆的說法，今昔的主要客層差別可是頗大，以往會
一大早來吃涼麵的人，主要都為計程車司機及一些早起的老顧
客，而在八大行業尚未被取締之前，當時店內的生意更是好的不
得了，許多人都會特地來到這吃宵夜。而反觀近幾年的客源則趨
向年輕化，在店內三不五時就能見到成群的年輕人呼朋引伴地前
來吃涼麵，這些年輕客人多半是夜生活者，一大早吃完涼麵後，
才準備回家就寢。而隨著一些媒體的報導，也有不少大學生是特
地摸黑起床，慕名前來這朝聖呢！

　　而一些十幾年的老顧客，大多來自四面八方，在固定的客源
中，附近居民反而佔了少數。提到了老顧客，老闆娘也說到一位
已經七十歲的伯伯，原本是在附近的大樓當管理員，在退休之
後，仍是每天凌晨三點多不辭辛勞地從新店的家中固定來這報到
呢！這些忠誠的老顧客不僅是老朋友了，也成為
他們工作中的一大動力。

　　此外，這裡也提供預約及外帶服務，
客人可以在前一天先打電話預約，也方便
老闆在前一天製作時，拿捏麵條的份量，
但通常柳老闆都會建議客人最好是現場食
用，才能品嚐到涼麵的最佳風味。

未來計畫 . . . .

　　外表看來相當性格的柳老闆，對於工作也有著一番堅持，為
了維持品質及理念，從煮麵到醬料的調味，完全不假他人之手，

一切都是自己來。

　　由於工作時數已經佔了一天大多數的時間了，也實在沒有餘力再去擴點。雖然有不少人登門詢問加盟的可能性，他還是堅持不加盟、不擴點，僅此一家。他認為這樣不僅能夠掌控品質也不會分散客源，同時也是堅持祖傳事業不外傳的原則，對於目前尚唸國一的小孩未來是否有意接棒，也是抱持著隨緣不強求的態度。

　　在工作之外，柳老闆從事潛水、風帆的休閒活動已有三年多的時間，對事情相當執著的他，面對未來的計劃則是要認真工作、認真玩樂，一切做好自己的本分。反倒是對於身邊一同打拼的老闆娘，柳老闆則十分虧欠的說：「她辛苦了！」

 如何踏出成功的第一步

　　對於想要進入小吃這一行的朋友們，柳老闆語重心長的表示：「創業為艱，守成不易」。小吃這行經營得道的確能夠賺大錢，但是這些年來他也看過許多人在經營成功後又驟然失敗的例子，如何將已經建立起來的口碑維持下來才是重點。而他也不斷強調做生意的心態相當重要，除了需要用心經營外，在口味上也要不斷鑽研，符合客人的需求，有時也必須抱持著不惜成本的心態，不要斤斤計較到底能賺夠多少，才能提供顧客美味的食物。

　　為了維持「柳家涼麵」的品質及口碑，堅持不加盟、不擴點，但柳老闆倒也不排除哪一天不想做時，將店面及製作涼麵的技術轉移出去，不過前提是對方也得秉持「柳家涼麵」一貫的理念，而不是純粹抱著營利的目的，到處擴點或廣開分店。不過現在才四十歲的柳老闆，離退休這一天還有段時間，未來的事，也還說不準。

項　　目	數　　字	備　　註
◆ 創業年數	39 年	自 1963 年營業至今，目前是由第 2 代經營
◆ 坪數	10 坪	
◆ 租金	店面自有	若依附近的行情計算，10 坪大小的店面約 4 萬 6 千元左右
◆ 人手數目	2 人	
◆ 平均每日來客數	200 至 300 人	
◆ 平均每月進貨成本	不到 10 萬元	
◆ 平均每月營業額	約 35 萬元	
◆ 平均每月淨利	約 15 萬元	老闆保守估計約 4 成，但據專家評估約 6 成以上

作 法 大·公·開

柳家涼麵

材料 . . . .

涼麵：

製作油麵時所需用到的材料為乾麵以及沙拉油，所用到的醬料則有麻醬、鎮江醋、辣椒醬、蒜汁、芥末等，這些醬料市面上皆有售，買回來後再自行加水調配，份量依個人口味斟酌；配料則有小黃瓜絲。

▲ 材料：煮好的涼麵加上新鮮小黃瓜絲(中下)、麻醬(右上)、鎮江醋(中上)、蒜汁(左上)

項　　目	所 需 份 量	價　　格	備　　註
乾麵	適量	1斤約20元	跟固定的廠商批發
沙拉油	適量	1桶約450元	依市價
鎮江醋	每盤涼麵約1大匙	1瓶約40元	依市價

製作方式 · · · · · · · · · · · · · · · · ·

1 前製處理

油麵製作方式

步驟 1：
先將一袋袋的乾麵抖鬆，當水煮滾後開始下麵，每次下麵約一袋的份量，在下麵之後每當水沸騰時，就要再加入約一瓢的冷水進去。

步驟 4：
將煮好的麵條攤開平放在檯子上或大桌子上，並淋上3、4匙左右的沙拉油在麵條上。

步驟 2：
麵條浮起來後，就要開始撈麵，撈麵時的速度要快，否則煮太久，麵條吃起來的口感會太爛。

步驟 5：
用一雙大筷子不停挑動麵條，除了要不停的翻動之外，並藉由冷氣及電風扇來散熱，在夏天時需要2台冷氣一起吹，冬天時藉由電風扇來散熱即可。

步驟 3：
將撈起來的麵條放進鍋中。

步驟 6：
製作好的油麵成品。

2 製作步驟

(3) 加入些許的小黃瓜配料。

(1) 將新鮮的小黃瓜刨絲備用。

(4) 淋上一大匙左右的麻醬。

(2) 挑適量的涼麵在盤中。

(5) 淋上一匙左右的蒜汁。

(6) 加入一小匙辣椒醬。

(8) 好吃的涼麵成品。

(7) 淋上適量的鎮江醋。（凡
蒜汁、辣椒醬、鎮江醋等
調味料，皆依個人口味酌
量加入）

獨家
撇步

　　煮麵時的技巧是影
響油麵本身口感的主要
原因，像是煮麵時加冷
水的時間，撈麵的速度
要快，起鍋後的麵條要
不停翻動，經由冷氣、
風扇來散熱，都是影響
麵條口感的主要原因。

柳家涼麵

在家 DIY 小技巧

　　在家自個兒製作涼麵，只要份量不多，用一般大小的鍋子及瓦斯爐即可，將水煮滾，放入一把左右的麵條，待麵條浮上來之後迅速撈起待涼。通常一、二人份的麵條只需一小匙沙拉油，不需太多，只要讓麵條均勻吸收到油份即可。

美 味 見 證

楊龍欽（36歲，攝影師）

　　「柳家涼麵」除了麵條Q之外，我最喜愛的就是它的醬料了，絕不會像其他的涼麵麻醬都是稀稀疏疏的口感，麵量又只有一點點，這裡的醬料不但味濃，嚐起來又相當爽口，還可依自己的口味加蒜加辣，雖然營業時間特別的早，但我和朋友已經一起來了好幾次了。

美味 DIY 心得

無毒的家・有機生活小舖

綠色環保新概念

回歸自然

健康滿分

吃出美味，吃出健康

無毒的家‧有機生活小舖

DATA

◆ 地址：台北市忠孝東路五段 508-6 號 1 樓

◆ 電話：(02)2726-2897

◆ 營業時間：09:00～20:00

◆ 公休日：無

◆ 每日營業額：約 8、9 千元

◆ 創業資金：20 萬

(視每家加盟店的規模而定，基本上需要 20 萬)

以前常會聽到老一輩的長輩們說到在過去那個年代，物質不發達，大家吃的都是粗茶淡飯，但是身體總是健健康康的，而現代人樣樣講求精緻，口味上要有變化，反而吃出這麼多毛病來。

來到「有機生活小舖」採訪時，蔡小姐及店長阿香姐親切熱心的為我講解各種有機食品的做法以及效用，當一問到價錢時，心裡還覺得有點貴呢，沒想到才一到午餐時間，店內便一下子湧

▲ 窗明几淨的店面外觀，可窺想店內也會是一派簡淨的陳設。

進許多客人，不一會兒一樓的座位已經坐得滿滿了，哇！我才了解到飲食保健早就已經成為許多人關心的課題了，現代人寧願多花點錢，不但要吃得好，還要吃得更健康！

心路歷程

「店內不惜成本從世界各地引進經過認證的有機食品，希望能帶給消費者健康環保的新選擇。」

總經理特助與店長．蔡小姐、阿香姐

無毒的家．有機生活小舖

在全球一片有機飲食的風潮之下，在台灣也有愈來愈多人開始注重健康飲食的觀念，於是坊間一些強調有機食品的生機飲食店便如雨後春筍般的接連開幕。

「無毒的家．有機生活小舖」成立至今雖然才二年多的時間，但其優良的品質已經榮獲「金商獎」的榮耀與肯定了。對於當初之所以會經營此種結合了有機產品及餐飲的複合式健康商店，目前擔任總經理特助職務的蔡小姐表示，「無毒的家．有機生活小舖」的幕後老闆其實是國內著名製藥公司的負責人，當初這位成功的企業人士在經營製藥廠事業有成之後，基於回饋社會的想法，於是成立了懋聯文化基金會。而有鑑於當時台灣環境污染問題十分嚴重，於是基金會便著手翻譯並發行了一本由澳洲著名心理醫師撰述的「無毒的家」一書。書中的內容，主要是論及在現今科技文明的快速發展之下，一般居家中許多家庭用品其實都具有危害人體的毒素，但是這些家用品卻不是不能以一些安全且不具毒素的替代品所取代，內容也詳盡地介紹了許多兼顧環保與健康的居家常識。因此在本書一推出後，就獲得社會大眾的熱烈迴響，並成為衛生署指定的參考用書之一。

這位企業人士最初的想法，其實只是希望經由書籍將環保概念介紹給消費者。而後來之所以會成立此一複合式商店，主要是由於這位企業人士在移居加拿大後，開始嘗試有機飲食，並在一段時間後，發現身體情況逐漸獲得改善。後來這位企業人士回台定居，但是在台灣卻苦尋不著經過認證的有機

▲「無毒的家·有機生活小舖」從店的外觀到店內的裝潢、所需的器材都是請專人前去勘查後，再統一規劃、訂製。

產品。於是這位企業人士遂決定從世界各地引進經認證的有機產品，並期望順便推廣健康環保的觀念給台灣的消費者，因而便產生了「無毒的家·有機生活小舖」。

起初，「無毒的家·有機生活小舖」僅是純粹地經銷各類的有機食品，後來在顧客的建議下，才開始提供有機餐點。對此蔡小姐表示，現今有許多人開始尋思回歸自然的飲食方式，雖然必須要付出稍微昂貴的成本，然而大多數到店中光顧的顧客基本上都有相當的環保概念，因此店內營業狀況也比較不受到經濟不景氣的影響。

目前加盟「無毒的家·有機生活小舖」體系的約有六、七家加盟店，此數字還在持續增加中。對此蔡小姐表示，由於經營的是環保事業，因此公司相當注重形象問題，對於每位加盟店家其實都經過嚴格的刪選。蔡小姐希望藉此以尋找到理念相同的合作夥伴，不僅僅只是做生意而已，而更強調一種環保健康觀念的傳

遞。目前「無毒的家・有機生活小舖」旗艦店，每個月還會提供免費的推廣教育，以嘉惠社區民眾。

經營狀況

命名

　　「無毒的家・有機生活小舖」的店名是源自一本翻譯書「無毒的家」。這本書是由懋聯文化基金會所發行，由澳洲的著名作家路易斯・桑薇所著。書中的內容主要介紹在一般日常的居家中，我們接觸到許多具有毒素的生活用品，但其實這些物品都可以由安全且不具毒素的替代品的取代。

　　在「無毒的家・有機生活小舖」成立之時，許多的概念其實就是源自這本書中，因此便延續此書名為店名，並期望藉由提供各式有機食品及相關教育資訊，倡導一套完整的健康飲食概念給台灣廣大的消費者。

地點

　　據蔡小姐表示，「無毒的家・有機生活小舖」成立初期時的地點是位在台北市木柵。當時店內業務是以經銷各式的有機食品為主，並未提供餐點。之後，由於原店址交通不便等因素，遂在一年半前才由木柵遷移到忠孝東路上，改設立旗艦店。並且在遷移至目前所在位置後，為針對鄰近龐大上班族群的需求，店內便開始以包括販售餐點的複合式模式來經營。

蔡小姐說，當初會選擇搬到忠孝東路這個地點，主要的原因是由於總公司的相關企業即位現今店面的辦公大樓樓上；而另一原因則是由於附近的社區型態，其實潛藏著不小的消費能力。此外，就目前參與加盟體系的店家中，大部分加盟者也多是選擇以社區作為主力拓展商機的市場。

租金

雖然旗艦店的地點是位在地價高昂的台北市忠孝東路上，但由於是位在辦公大樓的後方，因此店面所處的位置並不算很好，若不是居住在附近或是在該地區工作的人，一般人並不容易發現該店家。

據蔡小姐表示，目前店面每月的租金為五萬元，包含一樓及地下室的空間。店面一樓約莫三十坪左右，主要是調理吧檯及座位的空間，另外地下室也設有部分的座位，但大部份的空間其實都規劃成辦公室，作為提供加盟者或一般民眾教育訓練的場所。

硬體設備

「無毒的家・有機生活小舖」標榜所經營的就是環保事業，所以不僅強調店內所使用的都是屬於健康無毒的有機產品，同時也非常注重公司的整體形象，而對於旗下的加盟店，從產品的概念到形象的包裝上都力求統一。

據蔡小姐指出，一般加盟「無毒的家・有機生活小舖」的加盟者，其所需要的資金約從二十萬元到一百萬元不等，所需的費用則依據加盟店開設的規模大小來決定。至於公司部分僅收取十萬元的保證

金，其中涵括了相關的餐飲製作教學及教育訓練。而店內的裝潢、所需的器材都也是由「無毒的家‧有機生活小舖」請專人前去勘查後，再統一規劃、訂製，甚至連招牌也必須具備一致性。

另外，一般店裡所需要用到的硬體設備不外乎就是冷藏生鮮時蔬的冷藏櫃，以及用來展示一些點心的蛋糕櫃等，這必須視每一家加盟店的大小及加盟者的需求來做決定。

由於店內所使用的水皆為電解水，因一般人的體質大多偏酸性，而電解後的水質呈鹼性，因此電解水具有能中和人體內酸毒等功能。像這樣一台電解器，一般市價約一萬多元左右。此外，店內所使用的座墊，是屬於可充氣式的椅墊，顧客可自行調整至最舒適的位置，並具有減輕腰部壓力的功能。

食材

所謂「有機」，指的就是原始、原味、實料，而真正的有機食品則要符合土壤肥料飼料必須為有機，不得使用殺蟲劑，或合成化學肥料、農藥。此外，土壤還必須休耕三年，不得以基因工程改變生長，以及必須經過政府管制及認證等條件。

「無毒的家‧有機生活小舖」除了提供各式經過認證的有機產品之外，也提供鮮奶、雞蛋、米等有機的生鮮時蔬，這些有機食品都是來自宜蘭的永豐餘農場。

蔡小姐指出，目前台灣所謂的有機農場並不在少數，但是品質卻良莠不齊。因此在經過實地的勘查之後，「無毒的家‧有機生活小舖」才選定適合的合作對象，而旗下的加盟店也是依當地民眾的習慣及口味而定，再向「無毒的家‧有機生活小舖」公司訂貨。

無毒的家‧有機生活小舖

成本控制

　　許多人可能會認為，有機食品的價位較高，所以利潤應該是相當不錯。其實不然，因為有機產品是以很傳統的方式栽種，所以更耗費人工，而且無法大量生產，同時因為不添加任何防腐劑，所以有效期間也短，所付出的成本比一般產品來得高，相對的售價訂得比一般產品來得貴。

　　店內所提供的套餐包含沙拉、湯、主餐及副餐飲料，全都是使用有機產品，售價介於一百六十元到二百元之間，蔡小姐表示就這樣一家店來說，大致上利潤算是中等，通常在扣除裝潢及硬體設備之後，店內所需的人手約二名到六名就足夠了。但每家加盟店賺錢與否有時還是得視每位加盟者的規劃及機運，經營這一行最重要的還是經營者自身對於健康餐飲這方面要有興趣。

口味特色

　　以旗艦店為例，目前店內提供了早餐、點心、飲品以及套餐。一個套餐內包含了有機沙拉、湯、主餐、飲料，一百六十元到二百元之間的定價，就頗受到附近上班族的喜愛。

　　而在夏天，最受歡迎的人氣產品就是自製的藍莓脆片優酪乳，

酸酸甜甜的優酪乳，搭配藍莓果醬及香脆的爆米花脆片，酸甜香脆的口感，老少皆宜。除了現場製作好的商品，店內也有販賣材料，顧客可以買回家裡自己 DIY 製作優酪乳。

而其他的商品像是有機根莖蔬菜果汁以及純葡萄子油也都是熱賣商品，蔡小姐表示來自瑞士的有機根莖蔬菜果汁是採收現榨二十四小時內完成的，原本店內是拿來用做套餐的附餐飲料，受到顧客的好評後，才開始在架上販售。

而純葡萄子油則是許多家庭主婦的最愛，葡萄子油本身含有豐富的維他命Ｅ，具有抗氧化的功能，在炒菜時不會產生油煙，而且還可以保存二年。店內的套餐也都是使用這種葡萄子油來烹調，所以仔細一看，店內的廚檯是不使用抽油煙機的。

客層調查

由於旗艦店的位置是位於辦公大樓的樓下，附近的上班族便成為了主力的客源之一。

而蔡小姐也表示現在有許多年輕女性，愈來愈重視體內環保的概念，認為與其把錢花費在化妝品上，還不如吃的健康一點，所以相較之下，女性客層又佔了大多數。

店內的餐點主要是針對上班族，而附近的一些社區居民則是多以購買商品為主，由於店內也相當注重和顧客之間的雙向交流，在販賣產品之外也提供顧客有關有機食品的常識，所以往往成為了社區內的健康顧問站。

未來計畫

「無毒的家・有機生活小舖」目前尚未完全開放加盟，蔡小姐表示目前公司的加盟者都是經過嚴格刪選，大部分的人都對於有機產品有著一定的認識，有的加盟者本身也是在開設藥局，未來

則希望能有愈來愈多理念相同的人來共同從事這環保事業。

目前每家加盟店的人員都需要經過二天以上的產品教育訓練，在開業後每個月還需要回來公司受訓一次，希望經由完整的輔導，幫助加盟者早日進入狀況。

如何踏出成功的第一步

經營環保生意與一般小吃生意不同的地方，在於除了販賣產品之外，還需要適時地教育顧客們一些觀念，所以每位加盟者對於有機食品一定要有相關的概念。而蔡小姐也建議在店面地點的選擇上，要先經過仔細的評估，看看附近客層的接受度，而就目前的加盟者而言，大多都是以位在社區型態來經營，比較容易成功。

成功創業一覽表

項 目	數 字	備 註
◆ 創業年數	2 年半	
◆ 坪數	約 40 坪	
◆ 租金	約 5 萬元	
◆ 人手數目	約 4 人	
◆ 平均每日來客數	約 80 至 100 人	
◆ 平均每月進貨成本	約 2 萬元	視各加盟店家情況而定
◆ 平均每月營業額	約 25 萬元	視各加盟店家情況而定
◆ 平均每月淨利	約 10 萬元	約 5 成，但視各加盟店家情況而定

作 法 大·公·開 ....

無毒的家·有機生活小舖

材料

以下所使用的材料皆為有機食品,在一般的有機商店或是藥房都買得到。約半瓶鮮奶的份量,加入3克左右的乳酸菌來製作優酪乳,而一些脆片及果醬則視個人喜好酌量加入。由於乳酸菌最喜愛的溫度為44ºC,在這個溫度之下最容易製成優酪乳,所使用到的優格生成器則是能則是能保持加熱後的鮮奶維持44ºC的恆溫。

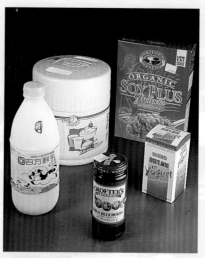

▲ 材料,包括有機鮮奶、得意乳酸菌、有機燕麥爆米花脆片、有機藍莓果醬、優格生成器。

項　目	所需份量	價　格	備　註
有機鮮奶	半瓶左右	1瓶65元	視季節不同而有波動
得意乳酸菌	3克	1罐600元	
有機燕麥爆米花脆片	酌量	1包200元	
有機藍莓果醬	一小匙	1罐180元	
優格生成器		300元	製作優酪乳的工具之一,使加熱後的鮮奶能維持在44℃的恆溫

製作方式 ·

1 前製處理

將加熱的鍋子及優格生成器先清洗乾淨。

2 製作步驟

(1) 在鍋中倒入半瓶左右的
　　鮮奶後,開始加熱,到
　　了44ºC時關火。

(2) 加入 3 克的乳酸菌於鮮
　　奶中。

(3) 稍加攪拌。

(4) 將攪拌好的鮮奶倒入優
　　格生成器的玻璃瓶中。

(7) 經過 8 小時之後，優酪乳的成品完成了。

(5) 將玻璃瓶放進保麗龍中。

(8) 舀出適量的優酪乳裝杯。

(6) 蓋上保麗龍的蓋子，存放 8 小時。

(9) 灑上適量的有機燕麥爆米花脆片。

獨家
撇步

製作優酪乳相當重
視溫度，一定要注意溫
度要維持在44℃左右。

(10) 加上約一小匙的藍莓果醬。

(11) 藍莓脆片優酪乳完成品。

▲ 在「無毒的家・有機生活小舖」中，可以吃
到優酪乳、有機咖啡等的各式有機食品。

在家 DIY 小技巧

將 500c.c.的鮮奶倒入鍋中,以爐火或微波爐加熱至 44ºC 左右,再加入 10 至 20c.c.市售優酪乳,置於電鍋保溫環境中 4 至 6 小時即可。

葉雯琴、張立妍
(38歲、28歲,上班族)

每次到了午餐時間,就會同事一起來這裡享用套餐,豐富的菜色又具有健康概念,長期下來,覺得自己似乎由內而外的容光煥發起來了。

美味 DIY 心得

臺一牛奶大王

椰林大道的陣陣笑語，
紅豆牛奶冰的沁涼香醇，
串起每個台大學子的流金歲月，
少了臺一，大學哪有味道？

臺一牛奶大王

DATA

◆ 地址：台北市新生南路3段82號

◆ 電話：(02)2362-3172

◆ 營業時間：11：00～24：00

◆ 公休日：春節、端午節、中秋節

◆ 創業資金：10萬元

　　　（最初創業資金已不可考，此數據爲約略估計）

◆ 每日營業額：約2萬元（約略估計）

在台北酷熱難耐的夏日中，有什麼比來上一盤沁涼入心的刨冰更可令人消暑呢！雖然刨冰俯拾皆是，但是要做到像「臺一牛奶大王」般，每日出現源源不絕的顧客大排長龍的盛況，那可就相當少見了。

位於公館台大校園旁的「臺一牛奶大王」，在不起眼的外表下，卻有著豐富的內涵，盤盤料好實在的刨冰，紓解了每個學子及顧客悸動不安的情緒；綿厚實在的滋味，更是繚繞在每個顧客口中而難以忘懷，或許這也就是「臺一牛奶大王」之所以能遠近馳名的原因吧！

無須驚訝，到「臺一牛奶大王」消費的顧客，除了當地的台大學生外，甚至還有許多遠從國外來台的華僑及外籍人士！據說，陳水扁總統在學生時代也是「臺一」的常客喔！從此更可看出這家具有四十五年歷史的金字招牌，聲名之遠播了！

▲ 「臺一」店外景觀。

「每一杯現榨的新鮮果汁，甜度
都不相同，所以都需要先試嚐一
下滋味口感如何再做調配，絕對
將最佳的口感送到顧客口中。」

老闆・古先生

已經有四十五年歷史的
「臺一牛奶大王」，最初是由古伯
伯所經營的，直到十餘年前才交棒給兒
子，也就是現在的古老闆。

　　早在古伯伯經營時期，「臺一」最初經
營的型態就是一般傳統的冰果店，以賣刨
冰及早餐為主，後來才取消早餐的項目，而
鎖定的客層主要是針對台大附近的學生。雖
然在過去「臺一」曾幾次搬遷，但是長期以來都未曾脫離新生南
路一帶的台大商圈，因此學生客源一直源源不絕而不至中斷，許
多的消費者都是學長帶學弟，甚至專程回到「臺一」重溫學生時
代懷念滋味的畢業校友也不在少數喔！

　　現今為「臺一」第二代經營者的古先生，是在退伍後就開始
在店裡幫忙，目前主要負責的是店內外場工作，包括冰品、果汁
的調理，以及生鮮時蔬的處理部分。至於刨冰的配料熬煮部分，
由於需要長期累積的經驗與技巧，才能夠製作出「臺一」招牌的
獨特風味配料，因此這項工作仍大多由古伯伯一手包辦。

　　延續「臺一」長期以來在古伯伯經營時期所建立的好口碑，接
下第二棒的古老闆仍繼續堅持「真材實料、原味取勝」的樸實作
風，再配以獨特的秘方及不斷推陳出新的口味，滿足每一張顧客挑
剔的嘴巴，以贏得「臺一」名聞遐邇的聲望及源源不絕的客源。

　　就「臺一」店內所賣產品，大致上約可分為冰品及果汁，到

臺一牛奶大王

了冬天則也賣湯圓等熱食。除了一般令人懷念的傳統式刨冰外，古老闆也一直很注意流行的脈動，而不斷推出新口味的刨冰。例如現在流行的草莓冰、芒果冰等，就十分受到顧客的歡迎。而堅持以當日採買的水果製成的各式果汁，也一直廣受好評。有時如果顧客去晚了，經常會發生所點的果汁，該水果已經用完的情

▲ 不論是學生、畢業校友或是專程慕名前來的顧客，都對「臺一」的冰品、飲料讚不絕口。

況。再者，據古老闆指出，製作果汁的訣竅在於如何拿捏水果原汁製作比例的問題，由於每個水果的甜度不同，因此加水調配的比例也有差異。所以每杯果汁在送到顧客前都必須經過古老闆先行品嚐，以避免會有太甜或太淡的情況發生，這種對每杯產品嚴格把關的態度，或許也是「臺一」冰品之所以能夠在競爭激烈的公館台大商圈中歷久不衰的原因吧！

要維繫「臺一」的好名聲於不墜並非是一件易事，相對地古老闆也要付出許多的努力。像工作時數漫長就幾乎是無法避免的，例如古老闆每天一大早就得去市場採買一天所需的蔬果，之後必須趕緊處理，然後準備營業，一直到了晚上十二點左右才能夠結束工作。繁瑣的食材處理過程及眾多顧客的接待，其實是相當耗費精神且辛苦的工作。

雖然現在不景氣的陰霾籠罩全台，但是「臺一」似乎並未受到影響，還是經常可見顧客在「臺一」門口大排長龍的景象。對

於目前「臺一」持久不散的人氣，古老闆也曾經萌生過開分店的
想法，但是由於目前的商品都是現調食物的做法，如果開分店，
一方面怕人手不夠，另方面怕無法確保品質，因此，古老闆說如
果將來以中央廚房的方式製作，則就有可能完成開分店的構想。

經營狀況

命名

　　相信「臺一牛奶大王」對許多人而言，不單單只是個店名而
已，而是一個充滿學生時代溫馨回憶的地方。但是在起初古伯伯
為這家店命名時，並非是用「臺一牛奶大王」的名稱，而是取「全
台冰果店」為店名，但是後來在申請專利時，才發現這個名稱已
經有人登記了。因而在民國六十七年時才改以「臺一牛奶大王」
作為店名，而一直延用至今。當然，隨著「臺一牛奶大王」這塊
金字招牌逐漸名聲遠播，古伯伯也趕緊將店名申請專利了。因
此，在古老闆未經營分店前，「臺一牛奶大王」仍是全國獨一，
絕無分號。

地點

　　許多人可能會羨慕「臺一牛奶大王」所位處於公館台大商圈
的好地段，不過據古伯伯表示，「臺一」作為公館地區數一數二
的老店，其實打從開始就是在新生南路一帶做生意，雖然後來曾

經遷移至現今的「大聲公燒臘店」等地，但也離現址都只有幾步路之遙的距離而已。「臺一」從過去以來一直是以店面形式經營，目前的這個店面也是住辦合一，古老闆一家人就住在二樓，

因此無論居家或工作都相當的方便。

　　值得一提的是，由於「臺一」位在車水馬龍的新生南路上，旁邊又緊鄰台大校園，因此許多學生在下課後或社團活動聚會時，一定會來這裡點上一盤沁涼的刨冰或新鮮的果汁。特別是在炎炎夏日中，經常可以見到「臺一」門口大排長龍的景象，而讓其他許多店家艷羨不已！

租金

　　目前這家店面是古先生一家人所持有，因此省下了一大筆房租的費用。原本台大文教區地段的房租就相當高昂了，而「臺一」又是特別位於靠近新生南路的一樓店面，鄰近人潮眾多的台大新生南路校門，因此店租應該相當驚人。根據古先生透露，目前附近的店面行情約在每月二十萬元上下，可說是相當的昂貴。目前「臺一」的店面約佔地五十坪，其中涵蓋了外場的吧台、座位區及內場的廚房，大致上，店內大約可以容納七十位客人左右。

硬體設備 · · · · · · · · · · ·

　　據古老闆表示，店內所使用的一些設備及器材都已年代久遠，價格早已不可考。但是大致上開一家冰店所需要的設備，包括放置冰品材料的冰箱、冰櫃、烹煮配料的鍋爐器具，以及刨冰機、果汁機等器材，這些器具大都可以在台北市環河南路一帶的器材店買到，價格也便宜實在。

　　此外，店內的桌椅也是從開店時就一直使用至現在，這些由檜木製成的桌椅相當堅固耐用，因而節省下了一筆更新桌椅設備的開銷費用。過去「臺一」也有自己的製冰廠，但是目前則是固定向位在中和的冰廠訂購，因而也節省了一筆可觀的器具費用。

食材 · · · · · · · · · ·

　　看似簡單的刨冰，但是嚐起來的滋味好壞卻是大有學問。要做出如「臺一」般令人流連的刨冰，新鮮的食材與製作的功夫是非下工夫不可的兩項重點。

　　「臺一」所使用的食材，主要分為乾貨及生鮮蔬果二部分。乾貨主要是用來製作刨冰的配料，對食材要求相當嚴格的古老闆，大多是在商品選擇豐富的迪化街進行採買，價格也較有彈性。另外，用來製作果汁的生鮮蔬果，古老闆則是選擇在附近的萬大市場採買，但由於是新鮮蔬果，因此價格往往會隨著季節而有所波動。

臺一牛奶大王

成本控制 ....

　　在成本的控制上，由於店面是自己的，因此省下了一筆龐大的店租，而剩下的日常成本就僅剩下食材與僱用人員的花費上。

　　對於確保冰品品質能否維繫的食材，據古老闆表示，他每天一早八點就要前往市場，來購買當日最新鮮的食材，每日約要花費五千元左右。

　　在店內的運作方面，古老闆與妹妹主要負責外場部分的顧客招呼與冰品製作；而內場各式食材的調理與製作則由經驗老道的古伯伯與二、三位親戚的幫忙。至於負責服務顧客的工讀人員則分為兩班制，早晚班各有二名工讀生當班。

　　雖然目前時值不景氣，但「臺一」似乎未受影響，古老闆唯一抱怨的是工作時間過長，往往必須從一大早八點採買水果開始，直到晚上十二點左右才能結束一天的工作。

口味特色 ....

　　至於說到「臺一」品牌的招牌冰品，那可真是多得不得了。首先最被許多老顧客推薦非品嚐不可的冰品，即屬香濃甜蜜的紅豆牛奶冰不可了。據說，「臺一牛奶大王」之所以能夠打響招牌，與這道吸引許多人百吃不厭的紅豆牛奶冰有莫大的關聯。選用真材實料、以原味取勝的台一紅豆牛奶冰，不僅刨冰刨了一半壓實再刨，並澆灌上滿滿的紅豆、果粒、果醬、花生、八寶等食材，光看就很過癮。因此只要隨時到店

中一望，大都會看到有顧客正在低頭品
嚐紅豆牛奶冰的香醇濃蜜。看著他們洋
溢滿足的表情，就可知道這道金字招牌
的冰品果真是名不虛傳了！

　　另一道大受消費者歡迎的冰品，就
是堅持選用當日最新鮮的水果所製作的
各式新鮮果汁，「臺一」的果汁不僅種
類眾多，包括木瓜牛奶、酪梨牛奶、綠
豆沙牛奶等，都是嚴格選用最新鮮的水
果，現點現榨，味道濃郁而保存果汁原味的飲料。更特別的是，
每杯果汁在送到顧客之前，古老闆一定先試嚐過滋味如何，以確
保每杯果汁的口感滋味一致。

　　到了冬季，「臺一」另外準備了熱食類的商品，包括能夠溫
暖人心的酒釀、酒釀芝麻湯圓與鹹肉湯圓等，這些手工湯圓所飄
出的陣陣香氣，往往是誘使過往行人與夜歸學生在寒風中佇足於
「臺一」門外排隊購買的重要原因。

　　此外，流行的芒果冰也是「臺一牛奶大王」的招牌產品，據
許多消費者表示，「臺一」的芒果冰不但果粒多、奶味香醇，望
著澆以金黃色醬料而堆成小山般的一盤冰品，真是鮮豔誘人。

客層調查 . . . .

　　「臺一牛奶大王」從以往生意就相當興隆，至於目前的消費客
源，據古老闆的分析，大致上可分為兩類，一類是附近的學生客
源，不外乎是台大、師大的學生在下課或社團活動結束後，前來

聚會聊天的消費。另一種則是專程前來的顧客,這些除了許多慕名而來的消費者外,還包括許多畢業多年的校友為重溫往日時光而特地前來品嚐。目前這兩種客源的比例,約是各佔一半,據古伯伯表示,陳水扁總統在學生時代也是「臺一」的常客呢!

未來計畫 . . . .

　　店內的生意這麼好,也有許多人曾經來請教古先生是否有開分店或加盟的打算,古先生表示雖然也曾經萌生過要擴充店面的想法,但是基於現實上的考量很難實行,由於目前店內的人手實在不夠,而店裡所提供的果汁飲料都需要現場調理,又不能交由工讀生去做,在技術上真的有困難,但是古先生也表示或許未來能夠以中央廚房的形式,來克服一些技術上的難題也說不定。

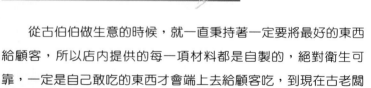

如何踏出成功的第一步

　　從古伯伯做生意的時候,就一直秉持著一定要將最好的東西給顧客,所以店內提供的每一項材料都是自製的,絕對衛生可靠,一定是自己敢吃的東西才會端上去給顧客吃,到現在古老闆也一直秉持這個觀念,店內每杯現調的果汁,古老闆一定會先試試口感,確保果汁的品質口味。

而經營小吃這一行，所要花費的時間和體力都是相當龐大的，古老闆現在每天的工作時間都超過十二個小時，所以不要只艷羨別人生意興隆，相對的在背後所需要付出的辛苦及努力，往往超過一般人所想像，這也是想從事小吃這一行的人，需要有的心理準備。

成功創業一覽表

項　　目	數　　字	備　　註
◆ 創業年數	47 年	目前由第一代及第二代共同經營
◆ 坪數	50 坪	
◆ 租金	店面自有	若依附近的行情計算，約為 20 萬元上下
◆ 人手數目	約 8 人左右	包括早晚班工讀生各 2 名
◆ 平均每日來客數	約 500 人	依季節不同，每天 200 到 1000 人不定
◆ 平均每月進貨成本	約 15 萬元	每天約花費 5000 元的材料費約略推估
◆ 平均每月營業額	約 80 萬	此為保守估計的數據
◆ 平均每月淨利	約 40 萬	老闆保守估計約 5 成，據專家實估約 7 成以上

作 法 大·公·開

臺一牛奶大王

材料

以木瓜牛奶為例,通常一杯500cc 的木瓜牛奶,約放半顆木瓜的份量(220至250克),與牛奶的比例是一比一,冰及糖水則是適量加入,試過口感後再酌量添加。

▶「臺一」的果汁堅持選用當日最新鮮的水果所製作,現點現榨,味道濃郁且保有水果原味。

項　目	所需份量	價　格	備　註
木瓜	半顆左右	1斤20元	依季節價格有所波動
鮮奶	220克	1瓶50元	市售一般鮮奶即可
糖水	酌量	自製	店家自行熬煮

製作方式

1 前製處理

將木瓜削皮洗淨,切塊待用。

2 製作步驟

(1) 將切好塊的木瓜放進果汁
　　機內，份量約半顆左右，
　　約加入一匙的糖水。

(2) 加入一大匙刨好的清冰。

(3) 加入約220至250cc的
　　鮮奶。

(4) 啟動果汁機開始攪拌，不
　　需蓋上蓋子，以方便斟酌
　　調配口感，至攪拌均勻
　　後，即可關上機器。

(5) 打好的木瓜牛奶，老闆
　　會先舀一匙起來試喝口
　　感如何再做調配。

(6) 將完成的木瓜牛奶倒入杯中。

(7) 完成後的木瓜牛奶成品以及另一人
氣飲品酪梨牛奶。

獨家
撇步

每個水果本身
得甜度及含水量都不
同,要避免味道太甜
或太淡,在果汁打完
後,可先試嚐一口,
再決定糖水及冰的調
配比例。

度小月

袁海香（26歲，家庭主婦）

在家 DIY 小技巧

製作木瓜牛奶所需要用到的主要器具就是果汁機，將切好的木瓜放進果汁機中，再加入與木瓜同等份量的鮮奶（1：1），可以仿照「臺一」的做法，是加入清冰而不是冷水，再依口感酌量加入糖水，調製出來的木瓜牛奶，有著沁涼的感受。

當初是由學長帶我們一群學弟妹來這兒吃冰，那時候就聽說這家店的名氣非常大，店內的冰料好實在，一嚐之後果然名不虛傳呢！之後，在沒課的時候就會和同學一同過來這邊吃刨冰喝果汁，有時候只要氣溫一升高，店門口都是大排長龍。

美味 DIY 心得

公園號酸梅湯

桂花的清香，

酸梅的甘甜，

交織著多少台北人難忘的過往，

那在新公園旁青澀的年少滋味。

公園號酸梅湯

ⒹⒶⓉⒶ

- ◆ 地址：台北市衡陽路2號
- ◆ 電話：(02)2388-1091
- ◆ 營業時間：10:30～19:00
- ◆ 公休日： 無
- ◆ 創業資金：約5萬元

  （當初創業金額已不可考，此為約略推估）
- ◆ 每日營業額：約7至9千元（依季節而有所不同）

在現今市面上充斥著各式琳瑯滿目飲料的時代，很難想像竟然還有強調完全以上等天然食材熬製而成的飲料。然而，屹立在台北二二八公園旁的「公園號酸梅湯」卻正就是這麼一家店。有著懷舊的荷蘭式建築，以及店老闆的熱心招呼，再加上一杯外觀色澤晶瑩，嚐起來芳香甘甜的桂花酸梅湯，彷彿引人走回了時光隧道而

▲「公園號酸梅湯」店面景觀。

重溫兒時記憶般，那樣地溫潤有味；倘若再加上店家純手工製造的三色冰淇淋，肯定使人忘卻了炎夏的燠熱與煩燥，而彷彿置身在都市叢林的世外桃源。

「這裡的桂花酸梅汁完全遵循古法釀製，採用天然食材不添加防腐劑，不僅滋味甘美，還具有消除油脂等等的功效。」

老園娘‧歐太太

公園號酸梅湯

　　在草創時期，「公園號酸梅湯」是由歐太太以及幾個股東共同來經營。起初，「公園號酸梅湯」只是在台北衡陽路一帶兜售的攤販；後來到了民國五十一年才搬到現在的店面。歐太太說，在早年市面上沒有什麼飲料，算得出品牌的大概就只有黑松汽水這一樣吧。所以當他們推出桂花酸梅湯之後，對許多人而言可是相當新鮮，產品馬上就大受歡迎，生意更是非常興旺，還有許多客人是特地從大老遠專程跑來買的。歐太太說，那時候店內經常有十幾個人輪班都還忙不過來，可見當時生意好的程度。

　　由於店面地點是位在當時的新公園旁，每逢假日或公園內舉辦各式活動的時候，在門口排隊等待買酸梅汁的客人，多到都幾乎可以用人山人海來形容了。尤其在民國七十年左右，可說是「公園號酸梅湯」最興盛的時期；直到了八十年代左右，市面上開始出現許多新的飲料，而且隨著便利商店一家家的開設，消費者的選擇性變多了，購買飲料也變得相當方便，才使得店內的生意慢慢開始走下坡。

　　「公園號酸梅湯」的招牌飲品，桂花酸梅湯主要是遵循宮廷古法所釀造，以烏梅、仙楂、甘草以及桂花醬等材料熬煮數小時而成，嚐起來不僅芳香甘醇，而且還具有生津解渴、消除油脂等的功

效，對身體可是大有益處。再加上店裡所採用的完全是取自天然的食材，因此熬煮好的酸梅湯，只要還沒有加糖進去，即使不需冷藏，放個幾天都不會壞掉。

歐太太表示，過去也有許多人想要來談合作事宜，但是基於維持產品新鮮度的考量而作罷。雖然現今「公園號酸梅湯」不復過去全盛時期的榮景，但它那甘醇香甜的滋味，仍是許多人心中

▲ 歷經五十多年的的桂花酸梅湯，從過去到現在，芳香甘醇的美味始終未曾改變。

無法忘懷的最愛。走過五十多年的歷史，「公園號酸梅湯」不僅伴隨許多人的成長，同時也見證了台北市的發展。例如台北市政府民政局中華民俗藝術基金會就曾經評選「公園號酸梅湯」為台北小吃的代表，就是對其口碑給予肯定的證明！

經營狀況

命名 . . . .

「公園號酸梅湯」，顧名思義，是由於店面位置緊鄰當時新公園旁而命名的。從一九五○年營業至今，儘管物換星移，而相鄰新公園也被正式改名為「二二八和平紀念公園」，但是這老字號酸梅湯的招牌卻歷經五十多年來始終未曾改變，就連酸梅湯清香甘甜的滋味也絲毫未有減損，而深深地融入了許多人的童年回憶。

地點

　　最初「公園號酸梅湯」只是位在台北市衡陽路及懷寧街口的小攤販，當時還經常得面臨警察的取締。直到民國五十一年時，搬進了現在的店面，才進入比較穩定的經營階段。

　　由於店面位於新公園旁，人來人往相當地熱鬧，雖然平時店內生意就相當不錯了，但是只要每逢假日或遇到公園內舉辦活動時，顧客更是蜂擁而至，在門口大排長龍的盛況更是經常可見。雖然現今這一帶已不復過去車水馬龍的景象，而「二二八公園」也沒有以往的熱鬧，不過由於附近老舊的日式建築大都逐漸改建成辦公大樓，再加上地點鄰近公家機關及學校，因此人來人往也算是相當的熱鬧。現在每每到了中午的休息時間或天氣較炎熱的時候，店內的生意仍舊是非常忙碌。

租金

　　目前店面所在的這棟三層古老荷蘭式建築，是當初日據時代的日本職員宿舍。早年店面搬到這裡的時候，歐太太一家人就住樓上。但是隨著時間的流逝，現在這棟房屋已經相當老舊，樓上早就不能住人了，並還在三樓部分還加蓋了鐵皮屋頂，以避免漏水的情況發生。

　　現今二、三樓的空間主要是用來熬煮酸梅湯及放置一些材料。一樓的店面則除了賣酸梅湯之外，大部分的空間是騰出來給一些親戚經營自助餐。

早在十多年前，這附近的日式建築都已經紛紛改建成大樓了，而由於與「公園號酸梅湯」相鄰的這幾戶人家對於改建的條件一直談不攏，因此拖延至今而尚未改建。

從新公園西側門往外一看，眼前盡是聳立著高樓大廈的城市叢林，而「公園號酸梅湯」獨樹一格的日式風格建築益發顯得格外令人懷念！

硬體設備 . . . .

「公園號酸梅湯」店中賣的產品主要以酸梅湯及冰淇淋兩種食品為主，因此使用到的設備相當簡單，包括用來熬煮酸梅湯的鍋子，以及放置冰淇淋及冰塊的冷凍櫃、冷藏櫃，現在這些器材在汀州街、環河南路一帶都買得到。

基本上，店內所使用的一些硬體設備年代都已經相當久遠，一般人若想要自己熬煮酸梅湯，所需要用到的器具，不外乎鍋爐與存放的冰箱等。比較特別的是，如何在老舊狹小的空間格局中，將在三樓熬煮好的酸梅湯送到一樓的店面，這當中可是大有玄機。對此，歐先生特別在店內設計一套管線裝置，以利用管線將三樓煮好的酸梅湯經由管子直接連接到店面的冷藏櫃，這樣不僅省去不少麻煩，而且也相當便利。

以往不管是酸梅湯還是冰淇淋都是直接在店內製作，現在則是另外有一個工廠專門在製作冰淇淋，然後再送來店裡販售。

成本控制 . . . .

目前「公園號酸梅湯」的商品售價是桂花酸梅湯每杯賣二十元，手工冰淇淋三球賣二十元。由於這些食材過去多由大陸進口，價格容易受到波動。歐太太表示，例如起初時台灣市面上所販賣的桂花醬，大都是由大陸走私進口，價格曾一度飆漲到一斤五、六百元！而至於目前市面上仙楂的售價，大致上是一斤約六、七十元。此外，烏梅每斤約要價九十到一百元不等，甘草則是一斤約一百元，而桂花醬的價格則是一斤約二百元左右，紅砂糖一大包五十公斤左右，則要花上一千多元。不過以上僅是大致上供作參考的價格，基本上，這些食材還是會依等級或品質的不同

食材 . . . .

許多嚐過「公園號酸梅湯」的人，都很好奇為什麼這裡的桂花酸梅湯嚐起來總是如此的甘、醇、香、濃呢？對此，歐太太說其實並不是有什麼訣竅，而是由於酸梅湯一切遵循古法釀製，完全使用天然食材。「公園號酸梅湯」主要使用的材料有烏梅、仙楂、甘草、桂花醬等，多年來這些材料都是向迪化街熟識的店家所訂購的，因此保證都是貨真價實的上選食材。

食材的好壞絕對會影響酸梅湯所熬煮出來的口感，歐太太建議一般人在挑選這些食材時可以注意下列事項：首先，烏梅要選擇大顆而且肉多，甘草則要挑選大片漂亮的，至於仙渣因為容易發霉，所以要選擇乾燥一點的才能夠保存較久。另外，由於桂花醬的價格並不便宜，一些商人會在裡面加鹽偷工減料，因此要小心被騙。

公園號酸梅湯

而有一定的價差。

　　歐太太指出，就湯湯水水的冰品來說，單價不能賣得太高，因此主要還是藉由薄利多銷來賺取利潤，通常每次熬煮一大鍋份量的酸梅湯，約可以賣出五、六百杯。

　　目前在店內的人手方面，主要由歐太太及林師傅二人負責經營，從教職退休後的歐先生也不時前來幫忙，平日時維持這樣的人手，大致上就足夠了。但一到假日，兒女一有空也會來當助手，而只有在暑假時期，還會在下午時段聘請幾位工讀生。

口味特色

　　「公園號酸梅湯」從開業以來只有販賣桂花酸梅湯以及手工冰淇淋二種商品，如果要說何種食物較受歡迎，還真是難分軒輊不相上下呢。

　　桂花酸梅湯是採用上選的烏梅、甘草、仙渣以及清香的桂花醬熬煮數小時而製成。因此完全是使用天然食材萃煉，絕對未添加人工防腐劑。因此，歐太太才會說，煮好的酸梅湯只要放著待涼，在未加入砂糖前，不需冷藏也不會壞掉。

　　而烏梅本具有開胃健脾、生津解渴等功效。仙渣則能去油膩助消化；甘草本身則有補中益氣、清熱解毒的作用，再加上清香的桂花醬能增加甘甜滋味，如果再將桂花酸梅湯予以冷藏過後，更將使得這酸梅湯成為風味絕佳的飲料。嚐一口，酸甜沁涼的滋味立即湧上心頭，對於吃多了大魚大肉的現代人而言，酸梅湯無疑是有益健康的最佳飲品。

　　店內另一項招牌商品三色冰淇淋，則是指融合芋頭、紅豆、

牛奶葡萄三種口味並利用手工製作
的冰淇淋。此種冰淇淋不僅用料實
在，在綿密厚實的冰淇淋中，更可
以看得到大顆完整的紅豆及葡萄，
並嚐得到香濃的牛奶及芋頭香味。

客層調查 . . . .

　　在過去由於市面上沒什麼飲料
可以選擇，所以當歐太太他們的桂花酸梅湯一推出，就受到相當
大的回響。但是現在的年輕人可能很難想像酸梅湯在當時風靡的
盛況吧！

　　由於「公園號酸梅湯」強調用料實在、天然健康的原則，因
此吸引的客層可是不分男女老幼，再加上位在新公園旁的地利之
便，每到假日，上門的顧客只能以人山人海的盛況來形容了。

　　雖然現在上門的顧客已經不復以往的榮景了，但「公園號」
老字號的招牌仍具有一定的吸引力。除了一些累積多年的老顧客
外，附近的上班族、公務人員都是固定會前來報到的一群。在假
日，經常可以看到全家大小出遊或是在附近逛街約會的情侶們，
前來店裡喝酸梅湯、吃吃冰淇淋。而到了暑假時，客層更是包含
了一些遊客或是從國外回來的華僑，他們有的是慕名前來，有的
是特地來重溫兒時的懷念滋味。

　　對於現在市面上充斥的各式冰品飲品，歐太太也感慨的表
示，現在的年輕人喜歡新鮮，飲品的選擇性又多，因此真正懂得欣
賞桂花酸梅湯美味的人，也都是在年齡四、五十歲以上的人了。

公園號酸梅湯

未來計畫

當初「公園號酸梅湯」是由幾個股東共同在經營，目前店內主要負責口味料理的是林春慶師傅，他也是從一開始草創階段時就做到現在，可算是「公園號酸梅湯」老口味的傳人。

現年六十歲的歐太太，子女都已經各有一番事業成就了，對於現今的一些加盟事業也沒有太大的興趣，況且酸梅湯講求口感新鮮而且保存不易，所以未來的經營重心還是擺在目前的店面為主。

順道一提的是，許多人或許不曉得「公園號酸梅湯」也是有分店的。當初共同經營的股東之一，曾在台北縣永和市永亨路附近開了一家分店，但由於並未設立醒目的招牌，而且營業時間也是相當隨性，只有在夏天才有營業，所以一般人都不太曉得。

如何踏出成功的第一步

「公園號」的桂花酸梅湯，從過去到現在，芳香甘醇的美味始終如一，歐太太說講求的就是使用貨真價實的食材，加上一切都是由師傅親自熬煮，才能保有新鮮的口感。以歐太太的經驗為例，做生意除了本身的產品要好之外，也要抓對時機，當初市面上飲料選擇不多，所以酸梅湯一推出便大受歡迎。

早在十多年前就有不少廠商前來詢問合作可能性，但往往因為要顧及產品的新鮮度而作罷，而歐太太本身對於加盟事業也沒什麼興趣。目前如果想要喝道地的「公園號酸梅湯」的人，還是親自前往台北衡陽路走一趟吧！

成功創業一覽表

項　　目	數　　字	備　　註
◆ 創業年數	52 年	從民國40幾年時即開始營業，到了民國51年才搬到現在的店面經營
◆ 坪數	10 坪左右	為日據時代的老舊宿舍
◆ 租金	店面自有	附近店面的租金行情約在7萬元上下
◆ 人手數目	2 人	店內主要人手為歐太太及林師傅，暑假時會聘請工讀生幫忙
◆ 平均每日來客數	約 250 人	視季節會有不同，氣溫20度左右時平均約賣出250至300杯，夏天時更多
◆ 平均每月進貨成本	約 7、8 萬	
◆ 平均每月營業額	約 20 至 28 萬	依季節而有所不同
◆ 平均每月淨利	12 至 20 萬	老闆娘不便透露，此數據為編輯部約略推估

公園號酸梅湯

材料

每次熬煮桂花酸梅湯一大鍋的份量（1大鍋約30公升左右），大約是店內販售500至600杯的份量（1杯份量以500cc計算）。

▲ 製作桂花酸梅湯的主要材料有烏梅(右下)、仙渣(中上)、甘草(右上)、桂花醬(左下)。

項　目	所需份量	價　　格	備　　註
仙渣	3公斤	1公斤60至70元	容易發霉，所以要選擇乾燥一點的
烏梅	5公斤	1公斤90至100元	選擇大顆而且肉多的
甘草	1公斤	1公斤100元	挑選大片漂亮的
桂花醬	3公斤	1公斤200元	有不肖廠商會偷工減料，在裡頭加鹽，選購時需小心
砂糖	1桶半	50公斤1000元	使用特級紅砂糖

製作方式

1 前製處理

在大鍋中注入9分滿的清水，放入5公斤的烏梅、3公斤的仙渣、1公斤的甘草、3公斤的桂花醬，以小火連續熬煮約6至7小時左右，即可關火。

2 製作步驟

(1) 關火之後,將鍋蓋打開散熱,等待酸梅湯自然冷卻之後,準備過濾雜質。

(2) 未經過濾的桂花酸梅湯原汁相當濃稠,呈現深棕色。

(3) 將涼了之後的酸梅湯,利用紗布來過濾雜質。

(4) 經過過濾後的桂花酸梅湯。這時候的桂花酸梅湯尚未加入砂糖,可以在室溫下存放幾天,不會變質。

(5) 將過濾後的桂花酸梅湯倒進鐵桶裡,並加入適量比例的砂糖及冰塊。此時,酸梅湯呈現淡棕色的色澤。

(6) 鐵桶上裝有橡膠管可以直接連接到一樓的冰櫃。

(7) 將調配好的酸梅汁運送至冰櫃中,直接將冰櫃中的酸梅湯舀進杯中。

(8) 成品桂花酸梅湯,以及店內另一項招牌商品三色冰淇淋。

獨家撇步

　　完全使用上等的天然食材來熬製,才能有如此甘甜的口感,桂花醬對於整體的口感則具有畫龍點睛之效。

在家 DIY 小技巧

　　想在家裡自己熬煮桂花酸梅湯，只需要用到鍋子、瓦斯爐。材料部份可依據個人所需的份量，將烏梅、仙渣、甘草、桂花醬依5：3：1：3的比例濃縮熬製，一般份量約以小火熬煮2小時即可。

劉國檳、左敏捷
（資訊業，45歲、40歲）

　　小時候因為這附近的中山堂時常會有播放電影的活動，記得每次在看完電影之後都會來到這裡吃三色冰淇淋，而現在只要到這附近，我也一定過來再次品嚐。今天則是特地帶了從高雄上來的朋友，來這嚐嚐道地的桂花酸梅湯。

美味 DIY 心得

蓮 記

江南可採蓮，
蓮葉荷田田，
細熬蓮子湯，
香甜滿人間。

蓮記

DATA

◆ 地址：台北縣永和市豫溪街139號

◆ 電話：(02)8923-2561

◆ 營業時間：11：00～23：00

◆ 公休日：週一

◆ 創業資金：約50萬
（包含店面租金、保證金）

◆ 每日營業額：約1萬（約略估計）

▲「蓮記」店面景觀。

　　蓮花自古在中國人心中就是象徵出污泥而不染的名士，蓮子更是具有豐富營養而經常成為一般市井百姓日常食用的材料。然而，蓮子調理的困難亦是廣為人知的，如何能適當地拿捏熬煮蓮子的火侯大小，而成功地端出一碗看起來清香撲鼻、嚐起來香軟滑Q的蓮子湯，這可是不甚容易的一大學問呢！

以蓮子湯為主力產品，進而打響金字招牌的「蓮記」，這在小吃界可說是並不多見，足見「蓮記」對蓮子烹調技術的嫻熟與高超；再加上該店入口即化的杏仁露，只要來「蓮記」一趟，保證你店內的人手約有九，夏天時則

心路歷程

楊先生原本是從事製鞋工作的師傅，楊太太則是一直在楊先生身旁幫忙的得力助手，由於在過去幾年裡，台灣的製鞋工業逐漸移往大陸設廠，而市售的鞋子也大量充斥進口商品，使得台灣整個製鞋業逐漸跌入谷底。由於當時整個大環境的不景氣，再加上考慮到年紀及

「我們家的蓮子，都是使用義大利快鍋來悶煮，嚐起來香腴軟Q，不會有鬆鬆軟軟的口感。」

老闆、老闆娘·楊先生、楊太太

體力上逐漸不能負荷這吃重的工作，種種因素促使楊先生在幾度考量後，便毅然決定辭掉原有的工作而冒險選擇在中年轉業。

會選擇從事小吃業這一行，當初完全是因為興趣使然。一直以來，楊先生及楊太太夫妻倆就有著一個共同的嗜好，就是研究美食。過去他倆經常會在家中嘗試製作各種食物，而每次在世貿所舉辦的食品展更是他們不曾錯過的活動，所以在決定轉業的同時，經營小吃就成了他們的第一個選擇，而一晃眼，進入這行業也已經有了八、九年的時間。

▲ 老闆及老闆娘工作中的情形。

　　起初，楊先生及楊太太是以製作杏仁露起家的。在沒有拜師學藝的情況下，楊家夫婦製作甜品的技術都是經由自己不斷的嘗試鑽研，並參考各種相關的資料所研發而成的。

　　楊太太回憶當初開始做生意時，他們是以分租的形式，和其他四、五個攤子合租一店面，販賣的商品主要為杏仁露、豆花及各式的刨冰。平常楊太太就喜歡研發一些新口味，並嘗試在豆花中加進各式的配料，有一次更是突發奇想的試著將蓮子加入豆花中，沒想到這種蓮子豆花推出後，十分受到顧客的歡迎，漸漸的有些客人反而向楊太太要求只要加蓮子不加豆花的甜點。或許，這可說是後來導致楊先生及楊太太經營港式甜品的開端。

　　在以合租店面形式經營過一段時間後，楊太太有鑒於此種經營模式，經常導致環境骯髒不堪，於是便想要另尋一個獨立店面，而搬離了原有的攤位。

在搬到店面經營後，因為來往的過客不多，所以更收起了過去豆花冰品的生意，改以專賣港式甜湯為主。由於在過去販售杏仁露時奠定了良好的基礎，並累積了固定的客源，所以後來楊家夫婦再改以專賣甜品後，這些老主顧仍然繼續捧場，並且一傳十、十傳百地將「蓮記」的名聲愈傳愈響亮。

當然！顧客的眼睛是雪亮的，「蓮記」招牌的響亮與否，完全操在顧客對「蓮記」甜品的口碑上。就以「蓮記」出產的香腴Q軟的蓮子湯及細膩滑潤的杏仁露為例，許多顧客對這些甜點讚不絕口，但是哪知道當初楊家夫妻倆在蓮子的烹煮技術上可是下了一番的功夫才有現今的功力呢！

在目前不景氣的當頭，楊太太都還能自信滿滿的說：「店內的生意似乎一點都沒受到不景氣的影響，反而一年比一年來得好呢！」

經營狀況

命名

楊太太表示，「蓮記」最初在分租攤位的時期，並未取店名。而「蓮記」這個名稱是直到開始經營蓮子這類港式甜品後才取的店名。至於這個店名可是由楊太太命名的，主要取其本省話「蓮子」的諧音。楊太太說，取這個店名不但好唸好記，光從店名中也能一眼望知這家店究竟賣的是什麼。同時楊先生及楊太太也想藉由這個招牌，自詡不斷地研究出口感更佳的各式蓮子甜品，使得「蓮記」的名號更廣為週知。

地點

　　當初在經營冰品小吃時,楊太太是以分租的形式,與幾個攤子在台北縣永和國光路附近合租一個店面,由於地點位在鬧區,生意興隆自然是不在話下。但對於週遭的環境清潔一向要求嚴格的楊太太,在環境整潔這方面的理念,實在與其他合租的攤位難以達成共識,之後便另覓一處獨立的店面。

　　後來幾經遷移,楊先生終於在永和文化路附近找到了一個店面。根據楊太太的說法,這個地點位在百貨公司附近,人潮往來相當熱鬧。在經營了一陣子之後,由於一些料理設備的增設,使得原本就不大的店面更不敷使用,因而才決定將這地點不錯的店面頂讓出去,而接手楊先生店面的店家也同是經營港式甜品的「香港回春堂」總店。

　　至於目前店面所處的這個地點,位於永和竹林路及豫溪街的交叉口,相較起來雖然沒有前幾個地點來得好,但靠著老顧客的捧場,一傳十,十傳百,生意照樣十分的興隆!只離捷運頂溪站約十分鐘的路程,更使得一些外縣市慕名前來的客人很容易就可以找到。

租金

　　現在這個店面是位在街道口,過往的路人其實不太容易注意到,不過由於「蓮記」在永和地區已經累積了一定的客源,再加上顧客們的口耳相傳,所以店面的位置並未對生意有多大的影響。楊太太表示,目前店面的租金是二萬八千元左右,大約二十坪大小,扣掉一些廚房烹飪設備的空間,外場的空間大致可以容納十五人左右。

硬體設備 . . . .

對於經營甜品店來說，用來放置食材的冰櫥冷凍設備可說是必備的開銷。看看店內，光是用來冷藏、冷凍的冰櫃就約有七、八台，總價約需花費二十萬元左右。關於這些冰櫥設備及店內桌椅的添購，楊先生建議可以到台北市環河南路或汀州路一帶購買。至於櫃檯旁用來加溫的瓦斯廚檯，則是根據店內特別訂製的尺寸所製作的，少說也花了十萬元左右，價錢多寡就端看每家店不同的需求了。

另一方面，用來燉煮蓮子、紅豆、薏仁等食材的鍋具可也是所費不貲。例如「蓮記」所使用的義大利快鍋，光一個快鍋的售

價就高達六千元之譜。而由於甜湯類所使用的素材繁多，林林總總加起來所需的快鍋恐怕也有十個之多。楊太太說，這些店內所使用的快鍋都是在百貨公司的專櫃購買，品質有保障，但價格也就不會便宜囉！總合起來，這些生財設備加上店內裝潢，大約需要五十萬元左右的預算。

食材

　　「蓮記」所供應的甜品種類相當豐富，光是蓮子湯這一項，就有八、九種的選擇；如果再加上杏仁露、龜苓膏等品項，可想而知，每月在所需食材數量的耗費上一定相當可觀。而這其中又以蓮子為大宗，因此在蓮子方面，楊先生是採取向迪化街的貿易商直接進口的方式。由於是向貿易商直接取貨，品質經過控管，產品也比較新鮮。至於其他雜糧、乾貨，由於每次所購買數量不多，因此一般都在迪化街商店直接挑選即可。

成本控制

　　由於「蓮記」所選用的食材都是上等品，進貨的價格自然比一般市售的材料來得高一些。雖然蓮子方面是向貿易商直接訂購，一般人可能會認為進貨的價格因此會來得便宜些，但由於「蓮記」選購的都是3A的上等等級產品(蓮子分為所謂的1A、2A......等級，等級越高表示品質愈好、價格愈貴)，相較之下，成本並未因此降低，不過訂購者則享有挑貨的權利，算是能有品質上絕對的保證吧！

　　以往楊先生所選購的蓮子，一斤的價格約在一百二十元到一百元之間，而從九十一年元月一號，我國開放WTO農產品進口後，蓮子每斤的價格也小幅下降了約八到十元左右。

　　目前店內的人手主要是以楊先生及楊太太二人為主，平常或假日時，就讀夜校的兒女及親戚也會前來幫忙，因而省下了一筆不小的人事開銷。除了每個月店租等基本費

用外，就不需要再負擔太多支出了，比起一般店家而言，這點可說是相當不錯的。

　　不過楊先生指出，經營小吃這一行，相當費時費力，而且平均說來獲利其實並不高（以「蓮記」蓮子湯的定價為例，每碗約在四十至四十五元之間），因此只能以量取勝，賣得多成本自然會降低，也因此楊先生除了要負責甜品的烹調之外，也擔任起店裡外送的工作。

口味特色

　　在這裡除了可以嚐到各式口味的蓮子湯之外，店內還有另一獨門美食，即是入口即化的杏仁露。當初創業時，楊先生可說是靠做杏仁露起家的。

　　杏仁露的材料及製作方式也是十分費工夫，首先需將杏仁原豆磨成粉，在煮時加入進口的深海植物膠質來凝固，而非一般使用的果凍粉。此外，在製作過程中完全不添加香精，所以這裡的杏仁露不但聞起來有著甘甜的杏仁香，入口時不但能嚐到細膩滑潤的口感，甚至還嚐得到沉澱的杏仁粉。

　　由於許多人對於杏仁略帶嗆鼻的味道不敢恭維，針對此點，楊太太不斷地創新口味，嘗試在杏仁露中加入鮮奶油，藉此沖淡杏仁味。許多人在嚐

了一口後，便十分喜愛這種滋味。之後楊太太又在杏仁露中加入了水果、椰果搭配，而成為夏日裡相當受到客人歡迎的冰點之一。

「蓮記」店內所賣的蓮子湯有九種之多的口味，隨著季節的不同，廣受人氣的品項也有所不同。一般而言，加入百合、雪耳、芋頭或山藥的蓮子湯都是相當受到歡迎的，尤其是山藥蓮子湯，採用日本的山藥所熬製，雖然價位較高，但是吃起來的口感也較佳。

客層調查

永和地區多半為住宅區以及商辦合一的大樓，所以主要的顧客多半為附近的居民及上班族。但是藉由這些忠實顧客的口耳相傳，使得「蓮記」的客源不斷地拓展，甚至現在有不少客人都是由外縣市訂貨。楊太太表示，許多居住在永和地區的居民，到外縣市上班時仍然不忘大力推薦「蓮記」的甜湯，所以顧客來源不僅遍及台北市敦化南路的各金融大樓，更傳到了國民大會。現在每至下午時段，楊老闆便會騎著車到處送貨去了。更由於許多媒

體的大力報導，專程慕名前來一探究竟的客人也佔了不少，再加上捷運的開通，從外縣市來光顧的客人更是與日俱增。

此外，由於店內販售的甜品大都具有食補、潤喉等功效，因此深受女性朋友的喜愛，甚至有人在結婚喜慶時特地到這裡訂購紅棗蓮子湯作為婚宴時的甜品。

未來計畫 . . . .

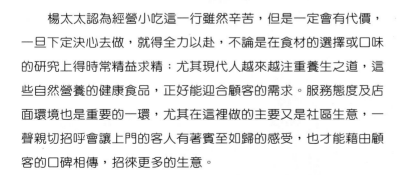

　　對於現有的一切相當知恩惜福的楊
先生及楊太太，以往也曾想過要在假日
時開著貨車，到一些觀光景點販售，以讓
更多人能夠嚐到他們多年鑽研的產品。到目前
為止也有許多人前來詢問加盟的可能性，但由於店內的人手有
限，所以楊先生也傾向開放加盟的方式，希望能夠經由部分的材
料供應及技術轉移，讓加盟人士都可以迅速的經營成功。

　　不過談到了加盟，楊先生及楊太太也十分擔心品質上的控管
問題，尤其熬煮蓮子其實是相當耗費時間的，在保存上也經常會
受到溫差的影響，比如溫度太低時蓮子的口感容易變硬等。楊先
生表示，如果有可能的話，應該會採行蓮子供應，而其他的配料
及湯頭自理的模式，不過這一切都還在計畫當中。

如何踏出成功的第一步

　　楊太太認為經營小吃這一行雖然辛苦，但是一定會有代價，
一旦下定決心去做，就得全力以赴，不論是在食材的選擇或口味
的研究上得時常精益求精；尤其現代人越來越注重養生之道，這
些自然營養的健康食品，正好能迎合顧客的需求。服務態度及店
面環境也是重要的一環，尤其在這裡做的主要又是社區生意，一
聲親切招呼會讓上門的客人有著賓至如歸的感受，也才能藉由顧
客的口碑相傳，招徠更多的生意。

　　楊先生及楊太太目前有意開放加盟，但細節仍在計畫中，在希望能兼顧品質及加盟者的利益下，可能會採取部份技術授權的形式，教導加盟者一些配料及湯頭的製作方式，而蓮子由於製作費時而且不好煮，則由總店來供應，不過這一切都尚在規劃中，有意加盟的人可得多多留意囉！

項　　目	數　　字	備　　註
◆ 創業年數	8 年	自民國 83 年開始營業
◆ 坪數	20 坪	包含店面及廚房空間
◆ 租金	2 萬 8 千元	
◆ 人手數目	2 人	假日時親戚與小孩會前來幫忙
◆ 平均每日來客數	約 200 人	因為有提供外送服務，一大部分的客源是以訂購方式
◆ 平均每月進貨成本	約 7 、 8 萬元	
◆ 平均每月營業額	約 30 萬元	
◆ 平均每月淨利	約 18 萬	老闆保守估計約 5 成，但據專家評估約 6 至 7 成

作 法 大·公·開 ⋯⋯⋯⋯

蓮 記

材料

蓮子湯：
一大鍋快鍋約十二公升容量，加入四斤左右的蓮子，所烹煮出來的蓮子份量，約可以做成九十至一百碗（1碗約250cc左右的份量）蓮子湯。

配料：
如百合、薏仁、紅棗在個別烹煮完成後酌量加入蓮子湯中。

糖水湯頭：
需另外熬煮，再依個人喜好斟酌加入。

▲ 蓮子湯可以搭配的口味選擇性多樣，有百合、薏仁、紅棗枸杞、紅豆、白木耳等。

項 目	所需份量	價 格	備 註
蓮子	每1大鍋快鍋，約要加入4斤左右的蓮子	1斤100元左右	依品質等級不同，價格差距頗大
百合、枸杞、紅棗	酌量	百合1斤約90元，枸杞1斤約80元，紅棗1斤約50元	百合等配料與蓮子是分開烹煮，因此每次所煮的份量可依個人需要

製作方式 . . . .

1 前製處理

蓮子處理方式

步驟1：
挑選出外型飽滿而大顆的蓮子，再將利用瑞士刀將每顆蓮子的蓮蕊挑起。將蓮蕊挑起之後，煮出來的蓮子湯才不會有苦味。

步驟2：
用清水將蓮子清洗乾淨，順便再將挑好的蓮子做最後的刪選。

步驟3：
將蓮子浸泡約兩個小時。

百合處理方式

步驟1：
用清水將百合洗淨，浸泡一個晚上的時間。

步驟2：
將浸泡過後的百合以小火煮開，待涼了之後備用。

2 製作步驟

(1) 將浸泡好的蓮子放入快鍋中。

(2) 以小火烹煮二十分鐘的時間即可關火,再悶約半小時左右。由於快鍋具有傳熱慢散熱慢的特性,因此不需煮太久就可熄火,利用快鍋本身的溫度來悶煮蓮子,之後在悶煮好的蓮子湯內加入適量的冰糖。

(3) 將煮好的蓮子以及其他的配料酌量分裝至碗中。

(4) 再加入適量的糖水湯頭。

(5) 完成後的百合蓮子湯成品。

◀「蓮記」的招牌甜品,除了各式口味
的蓮子湯外,還有杏仁露。

獨家撇步

老闆娘說蓮子不好煮,但煮蓮子也沒什麼特別的秘訣,重點就在使用的鍋子及時間的掌握。義大利快鍋厚度夠,不鏽鋼材質具有傳熱慢散熱慢的特性,特別適合用來煮蓮子,在烹煮時只要熟了就得立刻熄火,利用餘溫將蓮子悶軟,這樣煮出來的蓮子不會太爛,嚐起來還香腴Q軟呢!

度小月

在家 DIY 小技巧

要自己在家中烹煮蓮子湯，不一定要使用快鍋。可以利用簡單的鍋具來製作，像是電鍋或悶燒鍋，只要將所需的蓮子及配料份量準備好，加入適量的水，放進鍋子烹煮，煮好後的蓮子湯再酌量加入冰糖調味即可，相當方便。如果使用一般瓦斯爐來煮蓮子，會比較費時間，而蓮子也比較不容易爛。

美味見證

袁海香（26歲，家庭主婦）

這裡的蓮子吃起來鬆軟香甜，可選擇的口味又多，不但美味還兼具養生功效，我和老公都成了這裡的忠實顧客了，在這也推薦大家可以嚐嚐杏仁露，看起來吹彈可破的杏仁露味道相當純正，加上鮮奶油及新鮮水果嚐起來別有一番風味，還具有解熱潤喉的功效喔！

美味 DIY 心得

附　錄

店家總點檢

　　台灣話有句俗諺「第一賣冰，第二做醫生」，可見販賣飲料冰品利潤之豐厚了！在四季如春的台灣，即使是冬天吃冰也不令人覺得寒冷，反而還是一種流行呢！此次我們特別以清涼美食為主題，採訪了四季皆可品嚐的各類冰品美食，提供有心創業的人士做為參考。雖然大部分的老闆都保守的表示利潤只有三、四成，但是根據專家的實際評估後，只要成本控制得宜，經營這類湯湯水水的生意，利潤都應有六、七成以上。

　　許多老闆表示一般人都只看得見表面上的利潤，在興隆生意背後所需付出的辛勞是一般人很難窺見的，這些也是值得有心創業的朋友們參考的。

　　此次我們採訪的十家店，許多都經營了數十年以上。其中，有的是大家耳熟能詳的老店，有的是老闆因緣際會下自行創業。經由下面的整理，讀者可以更加清楚地明白這些店家的特色與成功之道。

芋頭大王

在永康公園附近設攤，被學生戲稱為「傻瓜冰店」的「芋頭大王」，不但料多實在，而且價格又便宜。只要嚐過「芋頭大王」的人，幾乎是沒有人不會豎起大拇指說「讚」！

農藝系畢業的老闆，對於芋頭的用料十分講究，精心挑選利用紅土播種的芋頭，每公斤進貨價格在六十元左右，雖然成本較高，但口感佳，含鈣量豐富。

除了夏天可點招牌商品芋頭牛奶冰，冬天有熱騰騰的芋頭湯之外，顧客也可購買調煮好的冷凍乾芋頭，回家後將芋頭切塊再加點糖水，或直接切塊來吃，都相當美味。

創業資本	約30萬元
月租金	約15萬元
每月營業額	約80萬元
每月淨利	約30萬元
加盟與否	無

創業資本	約50萬元
月租金	約2萬8千元
每月營業額	約30萬元
每月淨利	約18萬元
加盟與否	無

蓮記

「蓮記」所供應的甜品種類相當的豐富，光是香腴Q軟的蓮子湯這一項，就有九種之多的口味。另外還有杏仁露、龜苓膏等品項，這些都是老闆及老闆娘，經由自己不斷的嘗試鑽研，並參考各種相關的資料所研發而成的。

對於經營甜品店來說，用來放置食材的冰櫥冷凍設備可說是必備的開銷。光是用來冷藏、冷凍的冰櫃就約有七、八台，總價約需花費二十萬元左右。此外，用來燉煮蓮子等食材的義大利快鍋，售價約六千元。而由於甜湯類所使用的快鍋恐怕也有十個之多。總和起來，這些生財設備加上店內裝潢，大約需要五十萬元左右的預算。

🔵 公園號酸梅湯

　　走過五十多年的歷史,「公園號酸梅湯」可謂是超級老字號的店面了。台北市政府民政局中華民俗藝術基金會曾經評選它為台北小吃的代表,就是對其口碑給予肯定的證明!

　　雖然隨著市面上飲料的種類日漸增多,店內已不復昔日生意興旺的榮景,但其招牌飲品桂花酸梅湯,仍是眾多舊雨新知的最愛。這種以烏梅、仙楂以及桂花醬等材料,遵循宮廷古法熬煮數小時所釀造的甘甜飲品,具有生津解渴、消除油脂等的功效,再加上店裡所採用的完全是取自天然的食材,因此熬煮好的酸梅湯,只要還沒有加糖進去,即使不需冷藏,放個幾天都不會壞掉。

創業資本	約5萬元(最初創業金額已不可考)
月租金	無(附近租金行情約在6、7萬元左右)
每月營業額	約20至28萬萬元
每月淨利	約12至20萬元
加盟與否	無

創業資本	10萬元(最初創業資金已不可考)
月租金	店面自有(附近資金行情約在20萬左右)
每月營業額	約80萬元
每月淨利	約40萬元
加盟與否	無

🔵 台一牛奶大王

　　已經有四十五年歷史的「台一牛奶大王」其招牌冰品,非香濃甜蜜的紅豆牛奶冰莫屬了。不僅刨冰刨了一半壓實再刨,並澆灌上滿滿的紅豆、果粒、果醬、花生、八寶等食材,光看就很過癮。

　　另一道大受歡迎的冰品,就是堅持選用當日最新鮮的水果所製作的各式新鮮果汁,包括木瓜牛奶、酪梨牛奶、綠豆沙牛奶等,每杯果汁在送到顧客之前,老闆一定先試嚐過滋味如何,以確保每杯果汁的口感滋味一致。

🔹 辛發亭

「辛發亭」是台北士林地區享富盛名的老牌冰店，起初開始經營時，主要是以蜜豆冰最為聞名，滿盤的刨冰裡覆蓋著許多豐盛的配料；第二代老闆林先生所研發的雪片冰，則是為「辛發亭」刮起另一道流行旋風的創新冰品，而該項商品更入選了一九九九年中華民國最佳魅力商品。

另外，「辛發亭」的糖水素有「巴黎香水」的美譽，這是由於店中所使用的糖水都是由老闆娘吳小姐所特別熬製的，由於在糖水中加入她精心研究的獨家秘方，因而使得糖水不僅聞起來特別的香，嚐起來的味道也十分清甜，而不會如同一般的糖水有太甜的缺點。

創業資本	約6萬元
月租金	店面自有（附近租金行情約在10萬元左右）
每月營業額	約80萬元
每月淨利	約40萬元
加盟與否	無

創業資本	約5萬（最初創業資金以不可考，此為約略推估）
月租金	店面自有（附近租金行情約在4萬6千元左右）
每月營業額	約35萬元
每月淨利	約15萬元
加盟與否	無

柳家涼麵

傳承兩代的柳家涼麵，一直維持著從凌晨四點開始營業的作息，五、六十斤的麵條往往到了早上六、七點間就賣完了，製作麵條的時間到營業的時間都是經過精密計算的。

柳家涼麵的特點是起鍋後的涼麵是不過冰水的，而是依天氣冷暖、季節的不同，以大型電風扇或是冷氣來為麵條散熱，這也是之所以能夠製作口感絕佳的麵條要素之一。店內客源大多來自四面八方，也有不少大學生是特地摸黑起床，慕名前來品嚐。

廖家把舖

　　「廖家把舖」從傳統中創新，在嘗試中求進步，採用複合式的經營模式，除了原有的把舖冰品之外，又加上了熱食的販售。於上午時段提供早餐、套餐的服務，並推出參考了各種資料及宮廷秘方，足足花了二年八個月的時間，才研發出的新產品「薑汁撞奶」。

　　廠內的冷凍設備裝置總數約花了近千萬元。這些高昂的費用主要都是花在工廠的硬體設備上，一般人如果想要從事這一行，通常是直接向工廠訂貨而無須自己製造。至於店面內所需的設備，如冰箱、桌椅、杯碗等，大約在數千元內即可搞定。

創業資本	約10萬
月租金	無(附近租金行情約在8至13萬元左右)
每月營業額	約60萬元
每月淨利	約40萬元
加盟與否	可(洽廖先生02-2626-8833)

創業資本	約50萬元(最初創業金額已不可考，此為約略估計)
月租金	店面自有
每月營業額	約200萬元以上
每月淨利	約60萬元
加盟與否	無

沈記泡泡冰

　　廟口泡泡冰的創始者「沈記泡泡冰」，口味繁多，包括花生、花豆、芋頭、巧克力、雞蛋牛奶、鳳梨、草莓等十多種，並會隨著四季來調整甜度及濃稠度。像是夏天時是微甜，冬天時口感則要濃、甜；春、秋二季時，口感則介於兩者之間。

　　店內的主要開銷有將近五成的費用都是花在人事及原物料的支出上。由於泡泡冰的製作過程完全都是以純手工來攪打，而攪拌時的技巧以及力道的掌控上，都是需要經驗累積的，所以這裡的員工大多是待了兩年以上的老手。

🔵 冰館

　　一提到這幾年最紅的冰店，相信許多人第一個聯想到的就是位在台北市永康街的「冰館」。店內在春夏時主推各式新鮮的芒果冰，而秋冬時則推出草莓牛奶冰。

　　一盤芒果冰及草莓冰的售價從八十元到一百五十元不等，價格算是不便宜，但是每一盤芒果冰都是調和二種以上的芒果，約需用掉一顆半到二顆芒果的份量，而草莓冰使用的也都是選用特級的一號草莓，平均每天約要用掉四千公斤的芒果及二千公斤的草莓。

　　除了這二大人氣冰品外，另外也有提供新鮮的鳳梨紫蘇梅冰以及具有養顏功效的薏仁牛奶冰等。

創業資本	120萬
月租金	11萬
每月營業額	約500萬元以上
每月淨利	約160萬元
加盟與否	無

創業資本	約20萬元起(視每家加盟店的規模而定)
月租金	約5萬元
每月營業額	約25萬元
每月淨利	約10萬元
加盟與否	可(洽營業部02-2726-2897)

🔵 無毒的家· 有機生活小舖

　　在一片有機飲食的風潮之下，台灣也有愈來愈多人開始注重健康飲食的觀念。「無毒的家·有機生活小舖」便是這樣結合了有機產品及餐飲的複合式健康商店。

　　「無毒的家·有機生活小舖」除了提供各式經過認證的有機產品之外，也提供鮮奶、雞蛋、米等有機的生鮮時蔬。由於經營的是環保事業，因此公司相當注重形象問題，對於每位加盟店家其實都經過嚴格的刪選。一般說來，加盟者所需要的資金約從二十萬元到一百萬元不等，主要是視加盟店的規模大小來決定，至於公司部分僅收取十萬元的保證金。

路邊攤創業成功指南

　　路邊攤文化可以說是台灣街頭的一大特色。它不僅提供一般人平民化的美味佳餚，許多路邊攤老闆的創業過程更成了餐飲界的傳奇之一。面對持續低彌的不景氣，讓許多人都萌生自行創業的念頭，而小吃這一行更成了眾多轉業者的首選。

　　「民以食為天」，一般人在日常的食衣住行上，或許可以少買幾件衣服，多走幾步路節省車資，卻不能不吃不喝，算來經營「吃」的這一行似乎是最穩賺不賠的行業。但是面對市場上琳瑯滿目的各式餐飲店，三五步就一攤的小吃攤，如何經營才能成為其中的佼佼者，想要當老闆的你，又應該要怎樣做才能成為成功的頭家？在採訪的過程中，一些老闆們的共同經驗，或許可以作為創業時的參考。

1.創意創造奇蹟：

　　創意有時是源於一時的靈光乍現，也有許多時候是經由長期的努力與經驗而產生的另類思考。

　　這幾年最熱門的冰品芒果冰，不僅帶動冰品市場的新潮流，更讓「冰館」老闆羅同邑原本已經打算要頂掉的冰店起死回生，現在店門口每天大排長龍的景象，讓「冰館」成了餐飲業界的傳奇，也讓他實質的名利雙收。因為芒果冰一炮而紅，羅老闆也不斷創新研發相關的冰品，更因應季節在冬天時推出新鮮的草莓冰，創意與創新造就了店內一年四季人氣超旺的盛況。

勇於突破，力求革新，三十多年老店「辛發亭」就是在這樣的堅持之下，在既有的招牌蜜豆冰之外，陸續研發了雪片冰、雪球冰，不僅刮起了一陣流行旋風，也為店家締造了源源不斷的財源。老闆娘表示創店時的招牌蜜豆冰原本就為店內招徠不少客源，但也是因應顧客想要新鮮感的心態，店內便開始研究新的冰品，經過一次又一次的嘗試與失敗，才研發出綿綿密密的雪片冰，不同於以往傳統刨冰的口感，一推出就在市場上造成了旋風。

再說到「蓮記」的楊先生與楊太太，原本兩人只是經營傳統的冰品店，販賣各式的刨冰、豆花。平日就喜歡研發新口味的楊太太，突發奇想的將蓮子加入豆花中當作配料，沒想到十分受到顧客的歡迎，反倒成了日後「蓮記」專營蓮子甜品的開端。一向難調理的蓮子湯，經由楊氏夫婦倆的苦心研究，聞起來不但清香撲鼻，嚐起來還香腴軟Q，蓮子為夫妻倆的烹調手藝打響了名號，這也是當初經營冰品店時意想不到的結果。

2.看準潮流趨勢：

雖然市道不景氣，但價格便宜可非成功經營的唯一要素，抓住顧客需要的是什麼才是重點。

現代人在吃的方面不僅要講究美味，對於自個兒身體的健康也是更加注重，「無毒的家·有機生活小舖」以自然健康的生機餐飲為主，食物單價及店面成本雖然比一般的店面或攤子更高，但是在一片不景氣之下，營業至今二年多來仍然維持不錯的業績，旗下也有多家加盟店。總經理特助蔡小姐表示，生機飲食在國外其實已經風行許久，有鑒於現在環境的污染越來越嚴重，台灣也有許多人開始注重這方面的訊息，旗下的加盟店多以社區型態經營，不僅提供相關的產品，也教導民眾觀念。雖然店內售價以及成本比一般的餐飲店來得高些，只要選對地點及客層定位，自是能創造不錯的利潤。

桂花酸梅湯在現代年輕人的眼裡看來是再平凡不過的飲料了，但在民

國七十年代，桂花酸梅湯對許多人而言可是一項相當新鮮的飲料。「公園號酸梅湯」的老闆娘歐太太說，當時市面上數得出來的大概只有黑松汽水這項飲料吧，桂花酸梅湯強調新鮮天然，加上市面上的飲料選擇性少，所以一推出之後就大受歡迎，當時店門口的排隊的人潮都繞到新公園內了。「公園號酸梅湯」走過五十多個年頭，雖然不復過去興盛時的榮景，但甘醇香甜的滋味始終留在許多人的記憶中，現今市面上充斥各式琳瑯滿目的飲品，廠商推陳出新的速度也快的驚人，但卻都很難再出現如「公園號酸梅湯」般蔚為風靡的飲品。

3.要吃苦也耐勞：

　　經營小吃這一行真的很辛苦，這是許多老闆們共同的心聲。

　　一般人都只看到表面的風光，卻不知道背後所要付出的辛勞。「冰館」的羅老闆感慨地表示，店內新鮮的水果醬汁到現在都還是由他親自調配，店內的生意雖好，但相對的每天都得忙到三更半夜，所需付出的辛勞一般人很難看見。

　　為了製作出香Q紮實的芋頭，「芋頭大王」的李老闆每天要處理三百多斤的芋頭，從切塊到烹煮，往往從晚上十一點忙到隔日的早上六、七點才能休息，多年來，還得忍受處理芋頭時的雙手發癢。

　　「臺一牛奶大王」雖然已是傳承兩代的老店，但第二代接手的古老闆可是一點也不輕鬆，為了維持一貫的品質，每天一大早就得上市場採買新鮮水果，回到店內，現場的果汁調理從製作到口味的調整，都不假他人之手，只要店內有客人在，他就一刻也閒不下來，而一整天忙下來往往是到了晚上十二點結束營業後，才能稍作休息，並還得為隔天的營業再做準備。

　　在這不景氣的當頭，許多人面對工作上的挫折，對於小吃創業也抱持

著高度的興趣，但是實際接觸後，才會發現自己當老闆並不是一件輕鬆容易的事，工作時間長，店內生意好的時候更是忙得不可開交，見到客人時也得放下身段親切招呼，所以想要當個稱職的頭家，還是先想想自己是否有足夠的耐力吃得了苦吧！

4.對品質要堅持：

「柳家涼麵」的柳老闆表示：「創業為艱，守成不易」，做小吃這一行只要經營得當，的確能夠有不錯的利潤，但要維持永續的口碑招牌也是一件不容易的事情。

「柳家涼麵」從煮麵到隔日客人品嚐的時段都是經由嚴密計算的，希望顧客在營業時間內品嚐到的麵條都是口感最佳的，所以柳老闆每天晚上從七點左右開始煮麵，到翌日清晨四點便又開始營業。這樣的營業時間從第一代的柳伯伯到現在的柳老闆，數十年未曾改變，而為了品嚐到這裡的涼麵，許多吃上癮的老顧客們也早就習慣這種摸黑起床的營業時間了。

「店內所使用的水果堅持新鮮不隔夜！」，看著「冰館」裡一盤盤裝滿鮮嫩欲滴新鮮草莓的冰品，羅老闆表示當天賣不出去的草莓絕對是丟掉，送到顧客手中的冰品保證是最新鮮、品質最好的，光是那些丟掉的水果付出的成本就相當驚人。

「廖家把餔」的廖先生也自豪的表示，店內的把餔可是使用真材實料，完全不添加香料色素，每支把餔可是吃得到新鮮的原料顆粒，不論是芭樂、芋頭、草莓、花生等，每種口味都是使用新鮮的原料研磨製成，低脂健康，品質絕對有保證。

幾乎所有經營成功的老闆，對於自己店內的產品都是信心滿滿，一路走來都是堅持品質、真材實料，畢竟名聲口碑都是一點一滴累積而來，一旦貪了便宜砸了自己的招牌可是划不來。

所以，各位路邊攤的準頭家們，資深前輩以時間、體力與金錢所換取而來的經驗之談，絕對可做為大家在創業前的經營參考、成功指南。

邁向創業之路前的抉擇──
加盟連鎖 v.s.單店小攤

　　市場上景氣持續低迷，當你已經下定決心要邁向創業之路，首先該決定的就是要以何種方式加入這個市場，單打獨鬥的創業或是加入加盟連鎖體系，各有不同的利弊及風險，不妨先仔細著手評估後，才能踏出成功的第一步。

　　基本上，加盟連鎖體系的優點在於加盟主提供完整的技術轉移，可以省去創業摸索的時間，而原物料取得方便，加上已經打響名聲的品牌，消費者也都已經熟知了，可以省去不少時間及力氣，不過比較難營造出自個兒的店家特色。而單店小攤的經營方式，優點在於可以創造獨一無二的特色，而且只要成本掌控得宜所獲得的淨利也高；不過經驗不足的創業者，所需負擔的風險也較大。

（一）加盟連鎖體系

　　面對市場上五花八門的加盟行業，初入行者最需要注意的就是要慎選加盟體系，選擇信譽良好的加盟主，不僅可以大大地降低創業時的風險，還可以有效節省創業者摸索的時間。

　　現在市場上加盟行業的種類眾多，從連鎖超商、咖啡廳等店面經營到一般路邊攤的餐車都有，尤其是餐車的加盟業，由於門檻低加上投資金額不高，品質容易呈現良莠不齊的現象，加上小吃業往往都是一窩風的流行，如果加盟主對於旗下的加盟數不加以控制，市場很快就飽和了。所以一般體制良好的店面加盟業者多半會提供商圈保障，來確保加盟者的經營成效，而餐車加盟業者在這方面就比較難去規範加盟者。

　　一般說來，良好的加盟總部能夠提供旗下的加盟者完整的教育訓練及

輔導，像是在產品製作及口味或是店面的地點選擇上，加盟主都應該有一套妥善的規劃及想法。除此之外，另外一項重點就是在原物料的供應方面，加盟主必需能夠完整而且有效率的提供給下游。

當然事業經營的成敗與否，加盟者本身也佔了一大重要因素，正確的自我評估可以避免失敗，像是資金的運用，在扣除加盟金、權利金、店租、水電、原物料林林總總的費用支出後，手頭上還有多少現金可以運用周轉；而所選擇的產品是否具競爭性，如果因為一時的流行而竄起的商品，在熱潮消退後就容易失去競爭力，所以事前的市場調查是不可或缺的。最後，在選擇行業時記得挑選一項適合自己的業種，興趣所在才能夠做的長遠，而藉由永續經營才能創造利潤，各行各業都非一蹴可幾就能成功的。

（二）單店小攤

加盟連鎖體系可說是創業者的最佳捷徑，對於沒有什麼經驗的創業新鮮人而言，完整的技術轉移無疑是省去了一大段自我摸索的時間，但相對的，創業者也必須付出代價，加盟金、權利金無形中都增加了創業時的投資成本。

以單打獨鬥的經營方式，基本上就是能夠減少創業時的投資成本，同時也不用受制於合約限制，但是缺少了有計畫的教育訓練，創業者所需要負擔的風險性也增加了，不過如果你是個不喜歡循規蹈矩踏著一成不變步伐前進的人，自個兒擺個小攤子不失為一個輕鬆快意的選擇。

單店小攤的經營方式，其實也是最能夠展現個人的口味特色，只要能夠累積一定的人氣，成本控制得宜，一般都能有不錯的獲利，在扣除一些基本支出後，所得的淨利也比加盟來的高。創業原本就是充滿各種可能性，許多的加盟連鎖店也是由成功的單店出發，不妨衡量自己的資金及情況後再做決定。

小吃補習班與輔導創業機構

中華小吃傳授中心

負責人：莊寶華老師
電話：(02)25591623
地址：台北市長安西路76號3樓
教授項目：蚵仔麵線、烤鴨、滷味、肉圓、各式羹、粥、麵、快餐、早點、豆花…等三百餘種小吃。
⊙ 輔導創業開店

寶島美食傳授中心

負責人：邱寶珠老師
電話：(02)22057161
地址：台北縣新莊市泰豐街8號
網址：www.jiki.com.tw/paodao/main.htm
教授項目：蚵仔麵線、米粉炒、滷味、肉圓、肉羹、花枝羹、廣東粥、牛肉麵、油飯、燒餅、貢丸、魚丸、餡餅、涼麵、油條、豆花、炸雞、水煎包、蔥抓餅、紅豆餅、筒仔米糕、排骨酥湯…等兩百餘種小吃。
⊙ 鍋、麵、飯、羹、快餐、早點、速食…輔導開業。

財團法人中華文化社會福利事業基金會附設職業訓練中心

電話：(02)27697260-6
地址：台北市基隆路一段35巷7弄1之4號
網址：www.cvtc.org.tw

名師職業小吃培訓中心

負責人：范老師
電話：(02)25997283
地址：台北市重慶北路3段205巷14號2樓(捷運圓山站下)
教授項目：蚵仔麵線、水煎包、滷味、楜椒餅、牛肉麵、油飯、魷魚羹等數百種小吃。
⊙ 現場名師個別指導，並可親自操作。

創業家開業資訊

電話：(02)23756395
地址：台北市忠孝西路1段72號10樓
網址：www.best-168.com.tw
課程項目：咖啡shop、花藝禮品、西廚點心、服飾精品、經營管理

李老師創業小吃教學中心

電話：(02)89234748
地址：台北縣永和竹林路25巷17弄11號 3樓
網址：www.e-168telbook.com/0289234748/

協大小吃創業輔導

負責人：顏老師
電話：(02)89681637
地址：台北縣板橋市文化路一段36號2樓
教授項目：蚵仔麵線、東山鴨頭、滷味…等

傳統正宗小吃傳授

負責人：陳浩弘老師
電話：（02）29775750
地址：台北縣三重市大同南路19巷
　　　6號2樓

大中華小吃傳授

負責人：何宗錦老師
電話：（02）29061116
地址：台北縣新莊市建國一路10號
網址：home.pchome.com.tw/
　　　life.romdyho/foods.htm

周老闆創業小吃

負責人：周老師
電話：（02）25578141
地址：台北市甘州街50號

阿甘創業加盟網

網址：www.ican168.com

中部

行政院勞工委員會職業訓練局
中區職業訓練中心

電話：（04）23592181
地址：台中市407工業區一路100
　　　號
網址：www.cvtc.gov.tw
招生項目：食品烘培班

南部

高雄縣廚師職業工會附設廚師
證照訓練中心

電話：（07）7012391
地址：高雄縣大寮鄉風屏一路197
　　　號

三合一中餐考照班

安和店
電話：（06）3552359
地址：台南市安和路4段143號
崇善店
電話：（06）2670420
地址：台南市東區崇善路822號

中華創業小吃

電話：（07）2851724
地址：高雄市800七賢二路35號3
　　　樓之1
網址：104.hinet.net/07/
　　　2851724.html

楠和教學中心——河堤烹飪教室

電話：（07）3594433
地址：高雄市三民區河堤路522號

花漾夏日飲品專賣店——水平
衡餐飲屋

電話：（07）7190595
地址：高雄縣鳳山市中正路78號
網址：www.taiwantel.com.tw/
　　　077190595
經營項目：吧檯雜貨、全省加盟、
泡沫原料、技術指導、生財器具、
各類冰品茶攤訂做、吧檯訂做、開
店指導、機械買賣

Information

評鑑優質小吃補習班 1

中華小吃傳授中心

　　一年創造出新台幣七百二十億小吃業經濟奇蹟的小吃界天后到底是誰？相信你一定很好奇吧！「莊寶華」這個名字，或許你不是耳熟能詳，但一定略有耳聞、似曾相識。沒錯，她就是桃李滿天下，開創小吃業知識經濟蓬勃的開山鼻祖。現有許多小吃補習班業者，都是莊老師的學生。

　　全省教授小吃美食的補習班，不論立案與否，屈指一數也有幾十家。在我們採訪過程中，學生始終絡繹不絕、人氣最旺的就屬「中華小吃傳授中心」。創立逾十八年的「中華小吃傳授中心」教授項目多達三百餘種，是目前小吃補習班中教授項目最多的。傳授的類別分為台灣小吃(麵、羹、湯、粥、飯、滷)、中式麵食、簡餐類、職業小菜、炒菜類、素食類，還有一些特別的項目(如章魚燒、紅豆餅、北平烤鴨等)。

　　在「中華小吃傳授中心」，基本上單教一項學費兩千元、兩項四千元、三項五千元、五項七千元，十項一萬元，有些費用則視項目而做增減，但學的項目越多越划算。另外，還附設師資班，材料均由中心提供，並採一對一的教學方式，學員均能親自操作；且所有課程都讓學員完全學

190

會為止，複習不收任何費用。但莊老師建議，切記一定要有一項是專精的主攻項目，在開業時才能建立口碑。

　　據莊老師表示，大多數小吃的利潤都有五成以上，湯湯水水的小吃利潤更高達七成。一個小吃攤的攤車和生財工具成本約兩、三萬左右，如果營業地點人潮多，生意必佳，一個月約可淨賺十萬元左右。莊老師的學生中甚至不乏些小吃金雞母，每月收入高達二、三十萬元呢！想自己創業當頭家的朋友，歡迎去電詢問相關事宜！簡章免費備索。

中華小吃傳授中心

預約專線：(02)25591623

授課地址：台北市長安西路76號3樓

上課時間：上午9：30～下午9：30

凡剪下本書最後所附的折價券
至『中華小吃傳授中心』學習
各式小吃，可享九折優惠。

評鑑優質小吃補習班2

寶島美食傳授中心

　　當路邊攤如雨後春筍般四處林立，小吃補習班的身價也跟著水漲船高，於是坊間出現了傳授傳統美食的小吃補習班。這些補習班中有二十年的資深老鳥，當然也有因應失業潮而取巧來分食大餅的投機者。在這麼多良莠不齊的小吃補習班業者中，今年堂堂邁入第十個年頭的「寶島美食傳授中心」，便是我們在採訪過程中所發現的另一個優質補習班。到底有多優呢？請看我們以下的報導。

　　「寶島美食傳授中心」現有兩位專業老師授課，首席指導老師邱寶珠與專教麵食類的張次郎老師是夫妻檔，兩人各有所長、各司其職。不論是在專業知識或製作技巧上皆爐火純青，在很多同類補習班不夠講究的口味及配色擺飾上，他們都力求賣相完美、色香味俱全。讓剛入行的菜鳥除了學習食材製作之外，還能兼顧開業後可能碰到的問題，著實造福不少轉業及失業的朋友。

　　邱老師和張老師所傳授的菜色種類約兩百多項，美食科別包括地方小吃科、羹麵湯簡餐科、小菜科、素食科，以及一些特別項目。特別值得介紹的是口味獨特的蔥抓餅。學習的費用單項約兩千至三千元、兩項為四千

至六千元、五項為八千至一萬元、十
項為一萬二至一萬五，至於特別的項
目費用則視不同的種類而定。

寶島美食傳授中心

預約專線：(02)22057161~3
授課地址：台北縣新莊市泰豐路8號
網　　址：www.jiki.com.tw/paodao
上課時間：早上9:00~12：00
　　　　　下午2:00~5：00
　　　　　晚上6:00~9：00

凡剪下本書的折價券至『寶
島美食傳授中心』學習各式
小吃，可享九折優惠。

設攤地點該如何選擇？

　　你已做好準備要成為路邊攤頭家，但卻苦無一個設攤地點嗎？現在我們就要告訴你，如何踏出成功的第一步！

　　設攤地點的選擇，有下列幾項要點，只要把握其中一二，必能出師告捷！

1. 租金多寡： 不要以為租金便宜的店面或攤位，一定就能省下月租本錢。要知道消費人口的多寡，才是決定生意成敗的關鍵。因此，租金貴的地點，只要是旺市，投資報酬率還是相當划算的。

2. 時段客層： 依照你營業的項目選擇設攤地點。如：賣炸雞排可選擇學校、夜市等人口族群；紅豆餅等攜帶方便的小吃可選擇學校、捷運、公車站附近；蚵仔麵線這類湯湯水水的小吃，則可鎖定菜市場、夜市、百貨公司、公司行號等族群。

3. 交通便捷： 選擇交通便利，好停車的地點。如：盡量選擇無分隔島的馬路騎樓下；公車、捷運站、火車站旁等人潮聚集的地方設點。這些地點人來人往，較適合販賣可攜帶式的小吃。

4. 社區地緣： 若自己的人脈或社區住家附近已有固定的基本消費客源，
可考慮在自家附近開業。如此一來可避免同業的競爭對手
分散生意，亦可輕易的掌握熟客的需求與口味。

5. 炒熱市集： 若設攤地點非熱門地點，而當地已有一、兩攤生意不錯的
其他類別小吃，亦可搭便車，比鄰而設攤，不但可沾光坐
享現有人潮，並且可將市集炒熱。

6. 未來發展： 選擇將來可能拓寬或增設公共設施的地點設攤。未來地緣
的改變，帶來商機無限，遠比現有的條件好很多，要將眼
光放遠，不貪一時得失，鈔票就在不遠處等著你。

成為專業的路邊攤頭家

　　行政院衛生署於中華民國89年9月7日公告「食品良好衛生規範」之餐飲業者衛生管理，自本規範公佈後一年起應具有中餐烹調技術士證照。

　　凡僱用民國45年1月1日以後出生之烹調人員，包括中餐、團膳(幼稚園、學校、工廠)、餐盒業、辦桌、持鏟烹調料理之烹調人員、應有80%之烹調人員持有合格烹調技術士證。違反者將處3萬以上15萬元以下之罰緩或吊銷其營業執照。

　　由於路邊攤大致歸類於「外燴飲食業者」，為避免日後的抽查及取締、罰款問題，因此建議大家要投入這個行業之前，最好先將「中餐烹調丙級技術士」執照考到手，如此一來，不但可給自己一個專業的認證，也可給消費者一流的品質保證。

「中餐烹調丙級技術士」應檢人員標準服裝

◎ 帽子需將頭髮及髮根完全包住，不可露出。

◎ 領可為小立領、國民領、襯衫領亦可無領

◎ 袖可長袖亦可短袖

◎ 著長褲

◎ 圍裙裙長及膝

◎ 上衣及圍裙均為白色

「中餐烹調丙級技術士」執照考照各地詢問單位

北部

行政院勞工委員會職業訓練局
地址：台北市忠孝西路一段6號
　　　11~14樓
電話：(02)23831699
網址：www.evta.gov.tw

台北市政府勞工局職業訓練中心
地址：台北市士東路301號
電話：(02)28721940~8
網址：www.tvtc.gov.tw

財團法人中華文化社會福利事業基金會附設職業訓練中心

地址：台北市基隆路一段35巷7弄
　　　1~4號
電話：(02) 27697260~6
網址：www.cvtc.org.tw

行政院勞工委員會職業訓練局泰山職業訓練中心

地址：台北縣泰山鄉貴子村致遠新
　　　村55之1號
電話：(02) 29018274 ~ 6
網址：www.tsvtc.gov.tw

行政院勞工委員會職業訓練局北區職業訓練中心

地址：基隆市和平島平一路45號
電話：(02) 24622135
網址：www.nvc.gov.tw

行政院勞工委員會職業訓練局桃園職業訓練中心

地址：桃園縣楊梅鎮秀才路851號
電話：(03) 4855368轉301、302
網址：www.tyvtc.gov.tw

行政院青年輔導委員會青年職業訓練中心

地址：桃園縣楊梅鎮（幼獅工業區）
　　　幼獅路二段3號
電話：(03) 4641684
網址：www.yvtc.gov.tw

行政院國軍退除役官兵輔導委員會職業訓練中心

地址：桃園市成功路三段78號
電話：(03) 3359381
網址：www.vtc.gov.tw

中部

行政院勞工委員會職業訓練局中區職業訓練中心

地址：台中市工業區一路100號
電話：(04) 23592181
網址：www.cvtc.gov.tw

南部

行政院勞工委員會職業訓練局南區職業訓練中心

地址：高雄市前鎮區凱旋四路105號
電話：(07) 8210171~8
網址：www.svtc.gov.tw

行政院勞工委員會職業訓練局台南職業訓練中心

地址：台南縣官田鄉官田工業區工
　　　業路40號
電話：(06) 6985945~50轉217、
　　　218
網址：www.tpgst.gov.tw

高雄市政府勞工局訓練就業中心

地址：高雄市小港區大業南路58號
電話：(07) 8714256~7轉122、
　　　132
網址：labor.kcg.gov.tw/lacc

東部

財團法人東區職業訓練中心
地址：台東市中興路四段351巷
　　　655號
電話：(089) 380232~3
網址：www.vtce.org.tw

小吃生財器具購買資料

北　部

元揚企業有限公司
（元揚冷凍餐飲機械公司）
地址：北市環河南路1段19-1號
電話：(02)23111877

鴻昌冷凍行
地址：北市環河南路1段72號
電話：(02)23753126・23821319

易隆白鐵號
地址：北市環河南路1段68號
電話：(02)23899712・23895160

明昇餐具冰果器材行
地址：北市環河南路1段66號
電話：(02)23825281

嘉政冷凍櫥櫃有限公司
地址：台北市環河南路一段183號
電話：(02)23145776

千甲實業有限公司
地址：北市環河南路1段56號
電話：(02)23810427・23891907

元全行
地址：北市環河南路1段46號
電話：(02)23899609

明祥冷熱餐飲設備
地址：北市環河南路1段33・35號1樓
電話：(02)23885686・23885689

全鴻不銹鋼廚房餐具設備
地址：北市康定路1號
電話：(02)23117656・23881003

憲昌白鐵號
地址：北市康定路6號
電話：(02)23715036

文泰餐具有限公司
地址：北市環河南路1段59號
電話：(02)23705418・25562475
　　　25562452

全財餐具量販中心
地址：北市環河南路1段65號
電話：(02)23755530・23318243

惠揚冷凍設備有限公司
巨揚冷凍設備有限公司
地址：北市環河南路1段17-2號 ~19號
電話：(02)23615313・23815737

金鴻（金沅）專業冷凍
地址：北市開封街2段83號
電話：(02)23147077

進發行
地址：北市環河南路1段15號
電話：(02)23144822・23094254

千石不銹鋼廚房設備有限公司
地址：北市環河南路1段13號
電話：(02)23717011

興利白鐵號
地址：北市環河南路1段18號
電話：(02) 23122338

福光五金行
地址：北市環河南路1段14號
電話：(02) 23144486．23145623

勝發水果餐具行
地址：北市環河南路1段40號
電話：(02) 23122455

歐化廚具 餐廚設備
地址：北市漢口街2段116號
電話：(02) 23618665

大銓冷凍空調有限公司
地址：北市漢口街2段127號
電話：(02) 23752999

永揚五金行 永揚冰果餐具有限公司
地址：北市環河南路1段23-6號
電話：(02) 23822036．23615836
　　　23822128．23812792

利聯冷凍
地址：北市環河南路1段39號
電話：(02) 23889966．23889977
　　　23889988．23899933

正大食品機械烘培器具
地址：北市康定路3號
電話：(02) 23110991．23700758

立元冰果餐具器材行
地址：北市環河路1段23-4號
電話：(02) 23311466．23316432

國豐食品機械
地址：北市環河南路1段160號
電話：(02) 23616816．23892269

立元冰果餐具器材行
地址：北市環河路1段23-4號
電話：(02) 23311466．23316432

千用牌大小廚房設備
地址：北市環河南路1段146號
電話：(02) 23884466-7．23613839

立元冰果餐具器材行
地址：北市環河南路1段23-4號
電話：(02) 23311466．23316432

久興行玻璃餐具冰果器材
地址：北市環河南路1段82-84號
電話：(02) 23140183．23610654

--- 中　部 ---

竹大機電股份有限公司
地址：新竹縣竹北市沿河街78巷26號
電話：(03) 5538383

東鴻超音波機械有限公司
地址：新竹縣竹東鎮研究路59巷2弄17號
電話：(03) 5967697

豪力企業有限公司
地址：台中市中港路3段132-15號
電話：(04) 24612939

元揚企業有限公司
（元揚冷凍餐飲機械公司）
地址：台中市北屯區瀋陽路1段5號
電話：(04) 22990272

大新食品機械有限公司
地址：台中市東光園路526號
電話：(04)22115497

利聯冷凍
地址：台中縣太平市新平路1段257號
電話：(04)22768400

國喬股份有限公司
地址：台中縣太平市新平路1段257號
電話：(04)22768400

泰鑫冷凍機械有限公司
地址：台中縣太平市宜昌路109號
電話：(04)22756697

慶用食品機械工廠
地址：台中縣大里市國中一路46巷29號
電話：(04)24071756

永全食品器具
地址：台中縣潭子鄉東保村民族路1段1巷76號
電話：(04)25325766

南　部

正大食品機械烘培器具
地址：嘉義縣民雄鄉建國路1段268號
電話：(05)2262510

正大食品機械烘培器具
地址：台南市永康市中華路698號
電話：(06)2039696

華毅餐廚調理設備
地址：台南縣永康市中山東路42號
電話：(06)2020938

力正行冷凍餐飲大廚房設備
地址：高雄市九如一路794-802號
電話：(07)3848064

居宏企業有限公司
地址：高雄市楠梓區旗楠路907-11號
電話：(07)3532529

元揚企業有限公司
(元揚冷凍餐飲機械公司)
地址：高雄市小港區達德街61號
電話：(07)8225500

正大食品機械烘培器具
地址：高雄市五福二路156號
電話：(07)2619852

椿揚食品機械有限公司
地址：高雄縣燕巢鄉安招路669號
電話：(07)6166555

東　部

元揚企業有限公司
(元揚冷凍餐飲機械公司)
地址：宜蘭渭水路15-29號
電話：(039)334333

※ 中、南、東部地區的朋友亦可向北部地區的廠商購買設備(貨運寄送、運費可洽談，但大多為買主自付)

中古舊貨資訊

◆ **中大舊貨行**
地址：台北市重慶南路3段143號
電話：(02)23659922・23659933

◆ **大安舊貨行**
地址：台北市重慶南路3段145號
電話：(02)23686424・23685237

◆ **一乙商行**
地址：台北市重慶南路3段141號
電話：(02)23682421

◆ **忠泰舊貨行**
地址：台北市重慶南路3段127號
電話：(02)23656666・23651007

◆ **力旺舊貨行**
地址：台北市重慶南路3段140號
電話：(02)23324055

◆ **一金商行**
地址：台北市廈門街114巷8號
電話：(02)23679022

◆ **大進舊貨行**
地址：台北市汀洲路2段69號
電話：(02)23696633

◆ **水源舊貨行**
地址：台北市水源路159號
電話：(02)23095943

◆ **川芳公司**
地址：台北市松江路22號8樓之1
電話：(02)23379015・23019799

◆ **壹全行**
地址：台北市汀洲路2段16號
電話：(02)23653436

◆ **仙豐行**
地址：台北市重慶南路3段92號之1號
電話：(02)23033851・22624980(夜)

◆ **慶億商號**
地址：台北市重慶南路3段13號2樓
電話：(02)23390813

◆ **益元餐廳企業行**
地址：台北市汀洲路2段57號
電話：(02)23053945

※ 二手貨可直接前往舊貨市場採買，以台北為例，集中於環河南路與自強市場一帶。

※ 中、南、東部地區的朋友亦可向北部地區的廠商購買設備(貨運寄送、運費可洽談，
　 但大多為買主自付)

小吃製作原料批發商

━━━━━━━━━━━ 北　部 ━━━━━━━━━━━

建同行
地址：台北市歸綏街30號
電話：(02)25536578
※買材料免費小吃教學

金其昌
地址：台北市迪化街132號
電話：(02)25574959

金豐春
地址：台北市迪化街145號
電話：(02)25538116

惠良行
地址：台北市迪化街205號
電話：(02)25577755

陳興美行
地址：台北市迪化街一段21號
　　　(永樂市場1009)
電話：(02)25594397

明昌食品行
地址：台北市迪化街一段21號(永樂市場1027)
電話：(02)25582030

協聯春商行
地址：台北市迪化街一段224巷22號1樓
電話：(02)25575066

建利行
地址：台北市迪化街一段158號
電話：(02)25573826

匯通行
地址：台北市迪化街一段175號
電話：(02)25574820

泉通行
地址：台北市迪化街一段141號
電話：(02)25539498

泉益有限公司
地址：台北市迪化街一段147號
電話：(02)25575329

象發有限公司
地址：台北市迪化街一段101號
電話：(02)25583315

郭惠燦
地址：台北市迪化街一段145號
電話：(02)25579969

華信化學有限公司
地址：台北市迪化街一段164號
電話：(02)25573312

旺達食品公司
地址：台北縣板橋市信義路165號1樓
電話：(02)29627347

南　部

三茂企業行
地址：高雄市三鳳中街28號
電話：(07)2886669

立順農產行
地址：高雄市三鳳中街55號
電話：(07)2864739

元通行
地址：高雄市三鳳中街46號
電話：(07)2873704

順發食品原料行
地址：高雄市三鳳中街51號
電話：(07)2867559

新振豐豆行
地址：高雄市三鳳中街112號
電話：(07)2870621

雅群農產行
地址：高雄市三鳳中街48號
電話：(07)2850860

大成蔥蒜行
地址：高雄市三鳳中街107號
電話：(07)2858845

大鳳行
地址：高雄市三鳳中街86號
電話：(07)2858808

德順香菇行
地址：高雄市三鳳中街80號
電話：(07)2860742

順茂農產行
地址：高雄市三鳳中街113號
電話：(07)2862040

立成農產行
地址：高雄市三鳳中街53號
電話：(07)2864732

瓊惠商行
地址：高雄市三鳳中街41號
電話：(07)2866651

天華行
地址：高雄市三鳳中街26號
電話：(07)2870273

免洗餐具批發商

昇威免洗包裝材料有限公司
地址：台北縣新莊市新莊路526、528號
電話：(02)22015159・22032595
　　　22037035
※此為大盤商

沙萱企業有限公司
地址：台北縣板橋市大觀路一段38巷
　　　156弄47-2號
電話：(02)29666289

安鎂企業有限公司
地址：台北縣新莊市中正路119號
電話：(02)29967575

元心有限公司
地址：台北縣蘆洲市永樂街61號
電話：(02)22896259

新一免洗餐具行
地址：台北縣新店市北新路一段97號
電話：(02)29126633・29129933

仲泰免洗餐具行
地址：台北市北投區洲美街215巷8號
電話：(02)28330639・28330572

西鹿實業有限公司
地址：台北市興隆路一段163號
電話：(02)29326601・23012545
　　　22405309

奎達實業有限公司
地址：台北市長安東路二段142號7樓
　　　之2
電話：(02)27752211

興成有限公司
地址：台北市寶清街122-1號
電話：(02)27601026

松德包裝材料行
地址：台北市渭水路22號
電話：(02)27814789

匯森行免洗餐具公司
地址：台北市汀州路1段380號
　　　・詔安街40-1號
　　　・建國路96號
電話：(02)23057217・23377395
　　　86654505・22127392
※此為大盤商

東區包裝材料
地址：台北市通化街163號
電話：(02)23781234・27375767

釜大餐具企業社
地址：台北市漢中街8號3樓-1
電話：(02)23319520

══ 中　部 ══

匯森行免洗餐具公司(大盤)
地址：竹南鎮和平街46號
電話：(037) 4633365

嘉雲免洗材料行
地址：台中縣大里鄉愛心路95號
電話：(04) 24069987
※此為大盤商

旌美股份有限公司
地址：彰化縣秀水鄉莊雅村寶溪巷30號
電話：(04) 7696597
※此為中盤商

上好免洗餐具
地址：彰化市中央路44巷15號
電話：(04) 7636868

══ 南　部 ══

利成免洗餐具行
地址：台南市本田街三段341-6號
電話：(06) 2475328
※此為大盤商

永丸免洗餐具
地址：台南市民權路1段191號
電話：(06) 2283316

如億免洗餐具
地址：台南市大同路2段510號
電話：(06) 2694698‧2904838‧
2140154‧2140155

雙子星免洗餐具商行
地址：台南縣新市鄉永就村110號
電話：(06) 5982410

竹豪興業
地址：鳳山市輜汽北二路21號
電話：(07) 7132466

══ 東　部 ══

家潔免洗餐具行
地址：宜蘭縣五結鄉中福路61-3號
電話：(039) 563819
※此為中盤商

泰美免洗餐具行
地址：花蓮縣太昌村明義6街89巷31號
電話：(038) 574555
※此為中盤商

▲ 如需更詳細免洗餐具批發商資料，請查各縣市之「中華電信電話號碼簿」—消費指南
百貨類「餐具用品」、工商採購百貨類「即棄用品」。

全省魚肉蔬果批發市場

北　部

基隆市信義市場
地址：基隆市信二路204號
電話：(02)24243235

第一果菜批發市場
地址：台北市萬大路533號
電話：(02)23077130

第二果菜批發市場
地址：台北市基河路450號
電話：(02)28330922

萬大路魚類批發市場
地址：台北市萬大路531號
電話：(02)230033117

濱江果菜批發市場
地址：臺北市民族東路336號

第一家禽批發市場
地址：台北市環河南路2段247號
電話：(02)23051700

第二家禽批發市場
地址：台北市文山區興隆路二段九十九號
電話：(02)29315406

三區肉品批發市場
台北市環河南路2段250巷60號
電話：(02)23068761

四區肉品批發市場
地址：台北市昌吉街59號
電話：(02)25942931

五區肉品批發市場
地址：台北市福華街180號
電話：28352376

環南市場
地址：台北市環河南路2段245號
電話：(02)23051161

西寧市場
地址：台北市西寧南路4號
電話：(02)23816971

三重市果菜批發市場
地址：台北縣三重市中正北路111號
電話：(02)29899200~1

台北縣家畜肉品市場
地址：台北縣樹林市俊安街43號
電話：(02)26892861‧26892868

桃園市果菜市場
地址：桃園縣中正路403號
電話：(03)3326084

桃農批發市場
地址：桃園縣文中路1段107號
電話：(03)3792605

新竹縣果菜市場
地址：新竹縣芎林鄉文山路985號
電話：(03)5924194

新竹市果菜市場
地址：新竹市經國路一段
電話：(03)5336141

中　部

台中市果菜公司
地址：台中市中清路180-40號
電話：(04)24262811

台中市肉品市場
地址：台中市北興進路1號
電話：(04)22366698

台中市魚市場
地址：台中市南屯區南屯路3段39號
電話：(04)23811737

台中縣大甲第一市場
地址：台中縣大甲鎮順天路146號
電話：(04)6865855

苗栗大湖地區農會果菜市場
地址：苗栗縣大湖鄉復興村八寮灣2號
電話：(037)991472

彰化鹿港鎮果菜市場
地址：彰化縣鹿港鎮街尾里復興南路
28號
電話：(04)7772871

雲林西螺果菜市場
地址：雲林西螺鎮
電話：(05)5866566

雲林斗南果菜市場
地址：雲林縣中昌街5號
電話：(037)991472

南　部

嘉義市果菜市場
地址：嘉義市博愛路1段111號
電話：(05)2764507

嘉義市西市場
地址：嘉義市國華街245號
電話：(05)2223188

台南市東門市場
地址：台南市青年路164巷25號4-1號
電話：(06)2284563

台南市安平市場
地址：台南市安平區效忠街20-7號
電話：(06)2267241

高雄市第一市場
地址：高雄市新興區南華路40-4號
電話：(07)2211434

高雄縣果菜運銷股份有限公司
地址：高雄市三民區民族一路100號
電話：(07)3823530

高雄縣鳳山果菜市場
地址：高雄縣鳳山五甲一路451號
電話：(07)7653525

屏東縣中央市場
地址：屏東縣中央市場第2商場23號
電話：(08)7327239

東　部

宜蘭縣果菜運銷合作社
地址：宜蘭市校舍路116號
電話：(039)384626

花蓮市蔬果運銷合作社
地址：花蓮縣中央路403號
電話：(038)572191

台東果菜批發市場
地址：台東市濟南街61巷180號
電話：(089)220023

全台夜市吃透透

　　「民以食為天」、「吃飯皇帝大」，這些古早人流傳下來的「好習慣」，讓老饕們那裡有美食便往那裡走，於是乎逛逛充滿各種便宜又大碗的小吃夜市，便成為了我們休閒生活的重心。

　　人多的地方就有錢可以賺，夜市裡不但吃的東西多，周邊更聚集了許多服飾店、鞋店、百貨公司以及各類餐飲店，其中講求物美價廉的路邊攤，更是惹人注目的焦點。不管走到那一個夜市，總是能看到絡繹不絕的

人潮，圍在攤位旁盡情地享受美食。

　　台灣是個美麗之島，也是美食的天堂，要了解台灣，不能不了解台灣的吃；要了解台灣的吃，就得從夜市的路邊攤著手！

基 隆 市

基隆廟口夜市

地點：仁三路和愛四路一帶

　　基隆夜市內的廟口小吃歷史悠久、遠近馳名，入夜之後總是人潮洶湧，有名的鼎邊趖、泡泡冰、營養三明治等，總是出現大排長龍的景象。

　　「廟口」係指位於奠濟宮附近的仁三路和愛四路的小吃攤。仁三路和愛四路兩條街上成L型，距離雖只有三、四百公尺左右，卻聚集了近二百個攤位；每位經營的老闆巧心創作口味和料理，以料實價廉物美、色香味俱全的美食來吸引客，這也是廟口小吃遠近馳名的主要原因。

台 北 市

華西街觀光夜市

地點：廣州街至貴陽街華西街一帶

　　過去髒亂的華西街夜市經台北市政府規劃為觀光夜市後，煥然一新：懸吊式的宮燈、入口處的傳統宮殿式牌樓，更添增幾分氣派，成為國內、外觀光客必定造訪之地。

　　夜市集臺灣小吃大成，從山產到海產一應俱全，雞蛋蚵仔煎、赤肉羹、麻油雞、肉丸、炒螺肉、鱔魚麵、鼎邊銼、青蛙湯及去骨鵝肉等各式美味，應有盡有。又因靠近早期尋芳客密集地寶斗里，因此出現許多以去毒壯陽為號招的蛇店及鱉店，形成當地小吃的特色。

　　另外野趣十足的現場賣、國術館、健身房、江湖氣息十分濃厚的藥店，打拳賣藥、都是以野台秀起家，台灣俚語韻味有致，也是特色之一；捉蛇表演更是這裡的重頭戲，為觀光客的遊覽焦點。

士林夜市

地點：可分兩大部分，一是慈誠宮對面的市場小吃；一是以陽明戲院為中心，包括安平街、大東路、文林路圍成的區域。

　　士林夜市是臺北最著名、也最平民化的夜市去處，各式各樣的南北小吃、流行飾品與服裝，以價格低廉為號召，吸引大批遊客，溢散熱鬧滾滾的氣息。

　　老饕常會來此品嚐的著名的小吃，包括有：大餅包小餅、上海生煎包、大沙茶滷味、刀削麵、東山鴨頭、燒豬肉串、刨冰、天婦羅、廣東鮮粥、火鍋及野味等。

　　除了各種美食外，在大東路和各巷道一帶的服飾、皮鞋、皮包、休閒運動鞋和服裝、裝飾品、寢具和日用品等店鋪和路邊攤，琳琅滿目，更有不少現代哈日族的商品，只要是年輕人喜歡的東西，都可以買得到。

公館夜市 ．．．．．．．．．．．．．．．．．．．．．．．．．

地點：羅斯福路、汀州路

　　公館夜市小吃，攤位多與一般台灣夜市雷同，不過位於東南亞戲院出口右邊的大腸麵線、龍潭豆花及紅豆餅，可是饕客們不可錯過的美食！各色各樣的食店，更可說是集台北市飲食之大成，不單有美式流行的快餐、速食店，還有中、西式餐廳，南洋口味的菜館。

　　除了吃的，公館還有許多唱片行、書店、咖啡館、眼鏡行、精品店、服飾店；這裡的夜市跟其他的夜市比較起來，多了一股不一樣書卷氣，和屬於年輕人及上班族的流行感。

饒河街夜市 ．．．．．．．．．．．．．．．．．．．．．．．

地點：西起八德路四段和撫遠街交叉口，東至八德路四段慈祐宮止，全長約五百五十公尺，寬十二公尺。

　　位於松山一帶的饒河街夜市為台北市第二條觀光夜市，從八德路、撫遠街交叉口至八德路的慈佑宮，直線式的規劃、整齊的攤位，賦予了饒河街夜市與士林夜市人潮匯流不同的經營方式。饒河街夜市是一條融合現代與傳統的文化大道，除了充斥著米粉湯、豬腳麵線、藥燉排骨、蚵仔麵線、牛雜麵、冰品攤等各式小吃外，各種日用百貨如服飾，皮鞋、時下年輕人喜愛的服飾及配件、電子小產品、布偶等亦物美價廉，此外還有民俗技藝表演及土產展售，稱呼饒河街夜市為另類的城市商業區也不為過，是一個值得全家夜間休閒的好去處。

遼寧街夜市

地點：主要集中長安東路二段到朱崙街段

　　屬於較為小型的夜市，賣的東西多半以吃的為主，更以海鮮料理聞名，平均大約有20至30個攤位，著名的有鵝肉、海鮮、筒仔米糕、沙威瑪、蚵仔煎、滷味等，由於人潮的關係，使得遼寧街週邊巷道內也開設了許許多多很有特色的咖啡館與餐飲店，使得這一帶區域也有了「咖啡街」之稱。

通化街夜市

地點：信義路四段與基隆路二段間

　　素有「小東區」之稱，夜市內的攤位與商家各佔一半，雖然不像士林夜市或饒河街夜市範圍寬廣，但其中著名的小吃卻是歷史久遠且令人垂涎，如紅花香腸、石家割包、胡家米粉湯以及當歸鴨麵線、鐵板燒、芋圓、愛玉冰，除了美食小吃之外，通化街夜市琳琅滿目、價廉物美的地攤商品，絕對會讓逛街的人不虛此行。

師大路夜市

地點：師大路兩旁

　　鄰近師範大學的師大路夜市，短短一的條街，除了小吃店外，還匯聚了許多的花店、書店及流行商品。

　　這裡充滿了許多便宜大碗的學生料理：麵線、生炒花枝牛肉、滷味、冰品、牛肉麵……吸引了不少學生和情侶光臨，其中也不乏外國人士，相較於其他夜市，師大夜市更蒙上些許的異國色彩。由於位於學區附近，因此這一帶瀰漫著一股濃厚的人文氣息。

延平小吃 . . . .

地點：迪化街與延平北路一帶

　　是台北昔日繁華熱鬧的地區，香火鼎盛的霞海城隍廟、歷史悠久的永樂市場及價格低廉的南北貨，促使人潮熙攘。在這裏的小吃也是為人津津樂道的，無論是油飯、魚丸、雞卷、旗魚米粉、炒螺肉，花枝……等，樣樣都是令人想品嚐的美味小吃。

=== 新 竹 市 ===

新竹城隍廟夜市 . . . .

地點：以中山路城隍廟和法蓮寺廟前廣場為中心

　　新竹城隍廟在清朝乾隆皇帝年間就已經建廟，但廟前廣場上有小吃攤位的集，據推測應該是台灣光復後才開始，所以城隍廟內老字號小攤大多有將近50年的歷史，因此吸引了很多人來這裡品嚐具有歷史滋味的小吃。在城隍廟小吃攤位內賣的大多是新竹的傳統肉圓及貢丸湯，但除了這些傳統食物之外，潤餅、肉燥飯、魷魚羹及牛舌餅等皆具滋味，而位於東門街及中山路兩側的攤位，則販賣米粉、貢丸、香粉、花生醬等新竹特產，方便遊客採購。

=== 台 中 市 ===

中華路夜市 . . . .

地點：公園路、中華路、大誠街、興中街一帶

　　堪稱是台中市最大的夜市，沿著中華路分布著台灣小點心、潤餅、台中肉圓、肉粽、肉羹、米糕、米粉、當歸鴨、排骨酥、蚵仔麵線、蚵仔煎、炒花枝、壽司等許多小吃，還有蛇肉、鱉...等的另類小吃，想要享受不一樣的餐飲選擇，不妨來這裡逛逛；而公園路夜市，則集中銷售成衣、鞋襪及皮革用品。

忠孝路、大智路夜市 . . . .

地點：靠近中興大學一帶

　　氣勢雖不如中華路夜市熱絡，但聚集的小吃規模、小吃的口味種類與熱鬧更不亞於中華路夜市。從海產、山產、烤鴨、麵、飯、黑輪、冷飲、清粥、蚵仔麵線，樣樣可口美味。

東海別墅夜市 . . . .

地點：東海大學旁的東園巷和新興路一帶

　　這裡的店家大都是固定的，主要是供應餐飲，像是東山鴨頭、餃子館的酸辣湯和蓮心冰等，都相當的受歡迎。其次是服飾等生活用品店，再加上一些小型攤販，這裡就成了一個熱鬧的小型夜市。

逢甲夜市 . . . .

　　為滿足逢甲學生在食、衣、住、行、娛樂需要及順應學生消費能力，「價位便宜，應有盡有」便成為逢甲夜市一大特色；福星路、逢甲路除了一些攤位零星散布外，大多為大型店家聚集地，如書店、家具店、精品服飾、禮品、百貨批發店、中西日速食商餐、茶店等；而逢甲大學正門至福星路之間的文華路，則為小型店家、攤販密集區，也是晚間人潮集中最多的地段，販售各式小吃、衣服及飾品等。

地點：西屯路二段及西安街之間的福星路、逢甲路及文華路

台 南 市

武聖夜市

地點：台南市北區和西區交界的武聖街

該夜市幾乎集合了府城流動攤販的精華，要解饞、吃飽，逛一趟武聖夜市，不難獲得滿足，除了傳統的蚵仔煎、炒花枝、炒鱔魚、鴨肉、肉圓、炒米粉、豬肝麵線等小吃，武聖  夜市內還有牛排、日本料理、南洋美食、原住民石板烤肉等新興的美食。除了飲食攤，服飾、飾品的攤位也不少，相當符合年輕人的流行喜好。

復華夜市

地點：復國一路一帶

復華夜市前身為北屋社區內，沿復國一路路邊擺攤之夜市。營業日為每週二、五，攤販大致可分為百貨類、小吃類及遊樂類三大類。

小北夜市

地點：西門路三段逛至育德路

小北夜市的前身是民族路夜市，延續民族路夜市的特色，夜市中主要以台南傳統小吃聞名，像是有名的棺材板、鼎邊銼、鱔魚意麵、蝦卷、蚵仔煎等，都是道地的台南口味，另外像是香腸熟、沙魚肉等，則是在其他夜市中少有的食品。

嘉 義 市

. . . .

地點：文化路一帶

　　嘉義夜市首推文化路最富盛名。每當華燈初上，白天是雙線車道的文化路轉眼成為熱鬧的行人專用道，各式各樣的熟食小吃大展身手，從中山路噴水圓環到垂陽路段，劃分為販賣衣服、小吃及水果攤三個區域。許多小吃已發展出具有歷史淵源及地方特色的風格，例如郭景成粿仔湯、噴水火雞肉飯、恩典方塊酥等，均是老饕客們值得一嚐的佳餚。

高 雄 市

六合路夜市 . . . .

地點：六合路一帶

　　走進六和路夜市不但能吃到台灣小吃，而且從「拉麵道」日本料理、「韓流來襲」韓國料理，到香味四溢墨西哥料理……應有盡有，滿足每一張挑剔的嘴；每天入夜後，車水馬龍熱鬧非凡，各種本地可口 美食琳琅滿目，經濟 實惠，國內外觀光客均慕名而來，知名度頗高，已被列為觀光夜市。

南華夜市 . . . .

地點：民生一路和中正路之間的南華路一帶

　　新興夜市早期原為攤販聚集處，隨著交通便利和火車站商圈的興起，餐飲、成衣聚集成市，形成現今的繁榮景象。沿街燈火輝煌，成衣業高度密集，物美價廉，是年輕人選購服裝的好去處。

花蓮市

南濱夜市

地點：台十一線的路旁

　　此為花蓮規模最大之夜市，每天入夜後即燈火通明。這裡除了一般的小吃外，還有每客９０元的廉價牛排，以及其他地方看不到的露天卡拉ＯＫ、射箭、射飛鏢、套圈圈、撈金魚等現在已較少能看到的傳統夜市。

大禹街夜市

地點：大禹街，位於中山路與一心路之間

　　大禹街是條頗具知名度的成衣街，它在花東地區而言，尚無出其左右者。由於以往蘇花公路採單向通車管制，相當不便，到台北切貨，一趟來回至少要花個三、四天的時間。因此一些花東地區的零售商或民眾，寧願擠到大禹街來買。此處所銷售的成衣，大部份以講究實用性的廉價商品居多。時尚、花俏或昂貴的衣飾，在這裡較乏人問津。

台 東 市

光明路夜市 . . . .

地點：光明路

　　這是台東最密集的一處，其中以煮湯肉圓最為有名，獨創新法，吸引顧客。

福建路夜市 . . . .

地點：福建路

　　福建路夜市，得近火車站之地利之便，販賣的東西種類繁多，尤以海鮮攤最具特色。

寶桑路夜市 . . . .

地點：寶桑路

　　寶桑路夜市的小吃以蘇天助素食麵是台東素食飲食店中口碑最好的一家，以材料道地、湯味十足著稱。

四維路臨時攤販中心 . . . .

地點：位於正氣街、光明路與復興路之間

　　四維路臨時攤販中心，販賣的東西很多，無所不包。

度小月系列・清涼美食篇
Money 5
217

作　　者	邱巧貞
攝　　影	王正毅
發 行 人	林敬彬
主　　編	郭香君
助理編輯	蔡佳淇
封面設計	像素設計 劉濬安
美術編輯	像素設計 劉濬安

出　　版	大都會文化 行政院新聞北市業字第 89 號
發　　行	大都會文化事業有限公司
	110 台北市基隆路一段 432 號 4 樓之 9
	讀者服務專線：(02)27235216
	讀者服務傳真：(02)27235220
	電子郵件信箱：metro@ms21.hinet.net
郵政劃撥	14050529　大都會文化事業有限公司
出版日期	2002 年 5 月初版第 1 刷
定　　價	280 元

Ｉ Ｓ Ｂ Ｎ	957-30017-5-6
書　　號	Money-005

Printed in Taiwan
※本書如有缺頁、破損、裝訂錯誤，請寄回本公司調換※
版權所有　翻印必究

國家圖書館出版品預行編目資料

路邊攤賺大錢 5・清涼美食篇 / 邱巧貞 著.
－－ －－ 初版 －－ －－
臺北市：大都會文化發行，
2002 〔民 91〕
面；　　公分. －－（度小月系列：5）
ISBN：957-30017-5-6（平裝）
1.飲食業　2.創業
483.8　　　　　　　　　　　　91005881

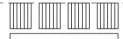

北 區 郵 政 管 理 局
登記證北台字第 9125 號
免 貼 郵 票

大都會文化事有限公司
讀者服務部收

110 台北市基隆路一段 432 號 4 樓之 9

寄回這張服務卡(免貼郵票)
您可以：
◎不定期收到最新出版活動訊息
◎參加各項回饋優惠活動

大都會文化　讀者服務卡

書號：Money - 005　路邊攤賺大錢─清涼美食篇

謝謝您選擇了這本書！期待您的支持與建議，讓我們能有更多聯繫與互動的機會。日後您將可不定期收到本公司的新書資訊及特惠活動訊息，若直接向本公司訂購(含新書)將可享八折優待。

A. 您在何時購得本書：＿＿＿＿年＿＿＿＿月＿＿＿＿日

B. 您在何處購得本書：＿＿＿＿＿＿＿＿＿書店，位於＿＿＿＿＿＿＿ (市、縣)

C. 您從哪裡得知本書的消息：1.□書店 2.□報章雜誌 3.□電台活動 4.□網路資訊 5.□書籤宣傳品等 6.□親友介紹 7.□書評 8.□其它＿＿＿＿＿＿＿＿＿＿

D. 您購買本書的動機：(可複選) 1.□對主題或內容感興趣 2.□工作需要 3.□生活需要 4.□自我進修 5.□內容為流行熱門話題 6.□其他＿＿＿＿＿＿＿＿＿

E. 為針對本書主要讀者群做進一步調查，請問您是：1.□路邊攤經營者 2.□未來可能會經營路邊攤 3.□未來經營路邊攤的機會並不高，只是對本書的內容、題材感興趣 4.□其他＿＿＿＿＿＿＿＿＿＿＿＿＿＿＿＿＿＿＿＿＿＿＿

F. 您認為本書的部分內容具有食譜的功用嗎？1.□有 2.□普通 3.□沒有

G. 您最喜歡本書的：(可複選)1.□內容題材 2.□字體大小 3.□翻譯文筆 4.□封面 5.□編排方式 6.□其它＿＿＿＿＿＿＿＿＿＿＿＿＿＿＿＿＿＿＿＿

H. 您認為本書的封面：1.□非常出色 2.□普通 3.□毫不起眼 4.□其他＿＿＿＿＿＿

I. 您認為本書的編排：1.□非常出色 2.□普通 3.□毫不起眼 4.□其他＿＿＿＿＿＿

J. 您通常以哪些方式購書：(可複選) 1.□逛書店 2.□書展 3.□劃撥郵購 4.□團體訂購 5.□網路購書 6.□其他＿＿＿＿＿＿＿＿＿＿＿＿＿＿＿＿＿＿

K. 您希望我們出版哪類書籍：(可複選) 1.□旅遊 2.□流行文化 3.□生活休閒 4.□美容保養 5.□散文小品 6.□科學新知 7.□藝術音樂 8.□致富理財 9.□工商企管 10.□科幻推理 11.□史哲類 12.□勵志傳記 13.□電影小說 14.□語言學習(＿＿語) 15.□幽默諧趣 16.□其他＿＿＿＿＿＿＿＿＿＿＿＿＿＿＿＿＿

L. 您對本書(系)的建議：＿＿＿＿＿＿＿＿＿＿＿＿＿＿＿＿＿＿＿＿＿＿＿
＿＿＿＿＿＿＿＿＿＿＿＿＿＿＿＿＿＿＿＿＿＿＿＿＿＿＿＿＿＿＿＿＿＿
＿＿＿＿＿＿＿＿＿＿＿＿＿＿＿＿＿＿＿＿＿＿＿＿＿＿＿＿＿＿＿＿＿＿

M.您對本出版社的建議：＿＿＿＿＿＿＿＿＿＿＿＿＿＿＿＿＿＿＿＿＿＿＿
＿＿＿＿＿＿＿＿＿＿＿＿＿＿＿＿＿＿＿＿＿＿＿＿＿＿＿＿＿＿＿＿＿＿

讀者小檔案

姓名：＿＿＿＿＿＿＿＿＿＿＿＿ 性別：□男 □女 生日：＿＿ 年＿＿ 月＿＿ 日

年齡：1.□20歲以下 2.□21─30歲 3.□31─50歲 4.□51歲以上

職業：1.□學生 2.□軍公教 3.□大眾傳播 4.□服務業 5.□金融業 6.□製造業 7.□資訊業 8.□自由業 9.□家管 10.□退休 11.□其他

學歷：□國小或以下 □國中 □高中／高職 □大學／大專 □研究所以上

通訊地址：＿＿＿＿＿＿＿＿＿＿＿＿＿＿＿＿＿＿＿＿＿＿＿＿＿＿＿＿＿＿

電話：(H)＿＿＿＿＿＿＿＿＿＿(O)＿＿＿＿＿＿＿＿ 傳真：＿＿＿＿＿＿＿＿＿＿

行動電話：＿＿＿＿＿＿＿＿＿＿ E-Mail：＿＿＿＿＿＿＿＿＿＿＿＿＿＿

小吃補習班折價券

使用本折價券前請先電話預約

- ●本折價券限使用一次,每次限使用一張。
- ●本折價券不得和其他優惠券合併使用。
- ●本折價券為非賣品,不得折換現金,亦不可買賣。
- ●若有任何使用上的問題,歡迎與我們聯絡。

 大都會文化讀者專線 (02)27235216

小吃補習班折價券

使用本折價券前請先電話預約

- ●本折價券限使用一次,每次限使用一張。
- ●本折價券不得和其他優惠券合併使用。
- ●本折價券為非賣品,不得折換現金,亦不可買賣。
- ●若有任何使用上的問題,歡迎與我們聯絡。

 大都會文化讀者專線 (02)27235216

購書折價券

請將本折價券與現金一併放入現金袋內

- ●本折價券限使用一次,每次限使用一張。
- ●本折價券不得和其他優惠券合併使用。
- ●本折價券為非賣品,不得折換現金,亦不可買賣。
- ●若有任何使用上的問題,歡迎與我們聯絡。

 大都會文化讀者專線 (02)27235216

度小月系列

度小月系列